普通高等教育（高职高专）艺术设计类『十二五』规划教材

建筑装饰材料

主　编　王宝东　陈小青
副主编　应坚良　周胡祥

中国水利水电出版社
www.waterpub.com.cn

内 容 提 要

本书由认知准备篇和项目实务篇两个部分组成，共9个模块。内容包括基本知识、空间结构分割材料、隐蔽工程施工材料、厨房和卫生间施工材料、顶部造型材料、墙面施工材料、地面施工材料、不同功能房间设施材料和装饰应用材料小结。本书是在校企深度合作的基础上编写而成的，以项目为载体，注重理论与实践的有机结合，使学生在掌握理论知识的同时能够灵活地将其运用于实践。

本书适用于建筑行业的结构工程师、施工管理人员、高校学生及BIM爱好者，也可作为高等院校相关课程的教材。

图书在版编目（CIP）数据

建筑装饰材料 / 王宝东, 陈小青主编. -- 北京 : 中国水利水电出版社, 2013.9
普通高等教育（高职高专）艺术设计类“十二五”规划教材
ISBN 978-7-5170-1226-9

Ⅰ. ①建… Ⅱ. ①王… ②陈… Ⅲ. ①建筑材料－装饰材料－高等职业教育－教材 Ⅳ. ①TU56

中国版本图书馆CIP数据核字(2013)第208384号

书　　名	普通高等教育（高职高专）艺术设计类“十二五”规划教材 **建筑装饰材料**
作　　者	主　编　王宝东　陈小青 副主编　应坚良　周胡祥
出版发行	中国水利水电出版社 （北京市海淀区玉渊潭南路1号D座　100038） 网址：www.waterpub.com.cn E-mail：sales@waterpub.com.cn 电话：(010) 68367658（发行部）
经　　售	北京科水图书销售中心（零售） 电话：(010) 88383994、63202643、68545874 全国各地新华书店和相关出版物销售网点
排　　版	北京时代澄宇科技有限公司
印　　刷	北京嘉恒彩色印刷有限责任公司
规　　格	210mm×285mm　16开本　7印张　166千字
版　　次	2013年9月第1版　2013年9月第1次印刷
印　　数	0001—3000册
定　　价	**29.00**元

前言

本教材是基于校企深度合作的基础上编写的。杭州科技职业技术学院与浙江九鼎建筑装饰工程有限公司2009年签订合作协议，成立“九鼎学院”，企业入驻学院，设立常住办公机构。双方在课程建设、教学改革及课题合作研究等方面展开了全方位的合作。其中有两位参编人员是浙江九鼎建筑装饰工程有限公司的管理人员。

遵循中国水利水电出版社对于《普通高等教育（高职高专）艺术设计类“十二五”规划教材·1＋1系列教材》的编写要求，突出“高职高专”高素质技能型专门人才培养特色，注重学生实践能力的培养，基础理论贯彻“实用为主、必需和够用为度”的教学原则，基本知识采用广而不深、点到为止的方法。图文并茂，本教材具有实用性，既可以满足建筑装饰专业学生需要，也可以作为行业设计师初级阶段参考用书。

本教材具有以下几点特色。

（1）本教材编写突出“高职”特色，高职培养的学生是应用型人才，因而本教材的编写注重培养学生的实践能力，基础理论贯彻“实用为主、必需和够用为度”的教学原则，基本知识采用广而不深、点到为止的教学方法，基本技能贯穿教学的始终。教材的编写，文字叙述简明扼要，通俗易懂。

（2）教材结构特色。不以常规装饰材料教材以类型分章节，而是按照建筑装饰工程的施工过程来划分，从空间分割结构用材料、隐蔽工程施工用材到饰面施工用材过程、从材料进场到施工完成的认知规律，以达到编制教材总体目标，且各章节相互呼应做到“教、学、做”一体。

（3）增加对新材料的介绍。取消以往建筑装饰材料教材中过时淘汰的材料介绍（非环保建筑装饰材料、由技术革新后的新型建筑材料取代的建筑装饰材、最新研制的新型建筑装饰材料）。

为使学校培养的高技能人才更好地适应现代企业的发展，该教材经多方合作完成。由杭州科技职业技术学院王宝东担任第一主编，并负责全书的统稿，编写模块1和模块2的内容；宁波城市职业技术学院陈小青老师担任第二主编，编写模块3～模块6的内容；浙江九鼎建筑装饰工程有限公司工程部经理应坚良（九鼎学院副院长、杭州市装饰行业协会专家）、人事部周胡祥担任副主编，负责编写模块7～模块9的内容。教材编写过程中参考了国家、地方行业规范标准，并结合建筑装饰专业教学需要，最终定稿成书。

教材编写过程中，得到浙江九鼎建筑装饰工程有限公司工程部、质检部、人事部等多部门的支持，以及原杭州市建筑装饰协会秘书长陈芝敏、浙江亚厦装饰股份有限公司总工程师何静姿给予的技术指导，江苏易可纺家纺有限公司郑卫星总经理等人的大力支持，在此一并感谢。

校企深度合作是教材的编写特色，也是首次尝试，不妥之处请使用者指正，便于改版时调整，先表示感谢！

编者

2013 年 7 月

课 时 安 排

授课年级：第 2 学年。
基本学时：51 学时（其中：理论 10 学时、课内实训 41 学时）。

篇	模 块	课 程 内 容
认知准备篇	基本知识	概念与内容 行业认知 素质要求与职业标准 装饰材料进场与施工进度安排流程
项目实务篇	空间结构分割材料	水泥、沙和砖块 隔墙龙骨和纸面石膏板
	隐蔽工程施工材料	水管 电线
	厨房和卫生间施工材料	墙砖和地砖 吊顶 橱柜和水槽 面盆、浴盆和淋浴房
	顶部造型材料	吊顶龙骨 吊顶基材 吊顶饰面
	墙面施工材料	建筑胶和腻子 墙体饰面 门和窗
	地面施工材料	地砖 地板 地毯
	不同功能房间设施材料	照明灯具、开关饰板 厨卫洁具、水暖五金件
	装饰应用材料小结	装饰材料应用图例

目　　录

第一部分　认知准备篇

第二部分　项目实务篇

第一部分　认知准备篇

建筑装饰材料课程的教学效果，很大程度上取决于教学的各个环节是否与高职学生的认知模式相吻合，以及教学双方在教学活动中充分的认知准备。由于建筑装饰技术工程专业项目化教学具有认知趋向，在把握这些认知趋向的基础上，建筑装饰材料教学可分别从概念与内容、行业认知、素质要求与职业标准等四个方面完成教学阶段的认知准备。同时，应充分意识到教学中的技能掌握和应用型人才的培养目标，从而有效地促进学生对建筑装饰材料课程的学习。

模块1　基本知识

[**项目描述**] 建筑装饰用材是集使用工艺、造型设计、美学于一身的材料，它是建筑装饰工程的重要物质基础。装饰工程的整体效果与结构功能的实现在很大程度上受到建筑装饰材料的制约，尤其受到装饰材料的光泽、质地、质感、图案、花纹等装饰特性的影响。因此，只有熟悉各种装饰材料的性能和特点，并根据其使用环境的不同，合理选用装饰材料，才能做到材尽其能、物尽其用，更好地表达设计意图，与室内其他配套产品来体现建筑装饰性。

课题1.1　概念与内容

（1）装修：一般是指对建筑结构进行的拆、改、换、造等项目的施工。装修活动在开工之前，需要经过房管部门或物业管理部的审批，以确保工程施工方案的科学性和合理性。在不破坏房子整体结构的前提下，对房间进行改造。以达到方便起居、舒适合理的目的。

（2）拆：对给日常生活造成不便的部分给予拆除，如不必要的门、非承重的隔断墙等。

（3）改：对门、隔断、电路、上下水管、暖气等的位置进行移动和改动。

（4）换：对原有的门窗、卫浴设施、厨房设备等进行更换。

（5）造：在结构上营造永久性的造型，如包暖气罩、顶部吊顶、做灯池等。

装修的工程量一般会比较大，消耗资金多、专业技术强、工期也比较长，因此，对一般家庭来讲，要请专业的施工队伍才能完成。

（6）装饰：对建筑物的表面进行美化处理，以提高生活环境的质量和突出家庭个性，一般以粉刷、裱糊、贴挂、铺设等手段完成。装饰工程是有丰富感情内容和艺术追求的工程项目，这部分工程受家庭审美观念、经济实力和职业范围的影响极大。

在室内进行装饰时，不必经房管及物业管理部门的同意，可自行做出决策。在装饰工程中，最重要考虑的元素是色彩的搭配、比例的协调、艺术趣味性和日常使用的方便性。

（7）建筑装饰材料：在建筑内外部起到装饰、美化、保护作用的建筑材料。在主体建筑完成后，对建筑物的室内空间和室外环境进行功能和美化处理而形成不同装饰效果所需的材料。建筑装饰材料的主要功能是：铺设在建筑表面，以美化建筑与环境，调节人们的心灵，并起到保护建筑物的作用。

（8）室内装饰材料：用于建筑内部墙面、顶棚、柱面、地面等部位的罩面材料。不仅能改善室内的艺术环境，使人们得到美的享受，同时还兼具绝热、防潮、防火、吸声、隔音等多种功能，起到保护建筑物主体结构、延长使用期寿命以及满足某些特殊要求的作用，是现代建筑装饰不可缺少的一类材料，更是建筑物不可或缺的关键部分。

现代建筑要求建筑装饰要遵循美学的原则，创造出具有提高生命意义的优良空间环境，使人的身心得到平衡，情绪得到调节，智慧得到更好的发挥。在为实现以上目的的过程中，建筑装饰材料起着重要的作用。

课题1.2　行　业　认　知

我国已成为全球最大的建筑装饰装修材料生产和消费国，形成了品种门类齐全的产、销、研一体的产业体系，能够满足不同档次装饰装修的需求。建筑装饰装修材料逐步呈现以下三大发展趋势。

（1）部品化：以工厂化生产为标志，而建材行业为适应这一需求，从以原材料生产为主转向以加工制品业为主。

（2）绿色化：在建材制造、使用及废弃物处理过程中，使环境污染最小化并有利于人类健康，如节能型屋面产品、节能型墙体产品等。

（3）智能化：应用高科技手段实现对材料及产品的各种功能的可控可调。

课题1.3　素质要求与职业标准

通过对常用装饰材料的组成、性能特点、品种规格、技术标准、检验方法及应用知识的了解并结合材料市场调查和实际案例实地考察，掌握基础知识的同时注重材料实际应用能力，在设计、施工、管理等各个环节做到合理选择和正确使用装饰材料，以确保装饰工程质量、降低装饰工程造价。

建筑装饰材料的选择方法：选择装饰材料，重在合理配置，充分考虑将材料的装饰性和实用性相结合，以体现个人风格和现代新材料、新技术的魅力。因此，选择装饰材料应注意以下几个原则。

1. 满足使用功能

根据房间的不同使用功能来选装饰材料。如：用于厕所、卫生间的装饰材料应防水、易清洁；厨房所用饰材要易擦洗、耐脏、防火，表面不宜有凸凹不平的花纹图案，所以不宜选用纸质或布质的装饰材料；用于起居室地面的材料则应耐磨、隔声等。

2. 符合审美的要求

装饰材料的选择搭配必须满足装饰美化的要求，符合审美情趣。可以从饰材的质感、线型图案和色彩上把握。

（1）质感：一般室内装饰用材料的质感要细腻光洁，用于卧室、会客室的饰面材料质感可以柔软一些，让人觉得温暖亲切。

（2）线型图案：空间较小时，可选用小型或线条细的图案；而空间较大的房间里，饰面图案的选择可以大些，线型也可粗些，体现“以小见小，以大见大”的原则。色彩方面因素：首先考虑空间的性质。不同的色彩给人的心里感觉不同，如浅蓝、浅绿、白色等冷色调给人以宁静、平静、心情放松的感觉，可用于卧室、客厅、书房等环境中；淡黄、中黄、橙黄等黄色系列的颜色，可使人胃口大开，也使人觉得活泼欢快，所以可以用于餐厅、健身房等环境，也可配以新颖多样的动物、鲜花、卡通图案等用于儿童的活动室中；宽敞的房间，一般家庭装饰中涉及的空间一般较小，通常不宜采用深色调，否则就有压抑感；房间的墙面选用淡色调也可从视觉上来扩伸空间。总之，室内颜色的搭配，应遵循“头”轻“脚”重的原则，即由顶棚、墙面到墙裙和地面的色彩应为上明下暗，给人以高度舒适感。

3. 经济合理

从经济角度考虑，选用装饰材料应有一个总体观念。即不但要考虑到一次性投资的多少，更应考虑到维修费用和环保指数，保证整体上的经济合理。

4. 其他方面

选定的装饰材料应便于施工，资源充分。装饰材料还应有合理的耐久性。针对饰面处理的目的性，应以满足装饰功能为主，再兼顾其他功能。

课题 1.4　装饰材料进场与施工进度安排流程

装饰材料进场与施工进度安排流程，如图 1－1 所示。

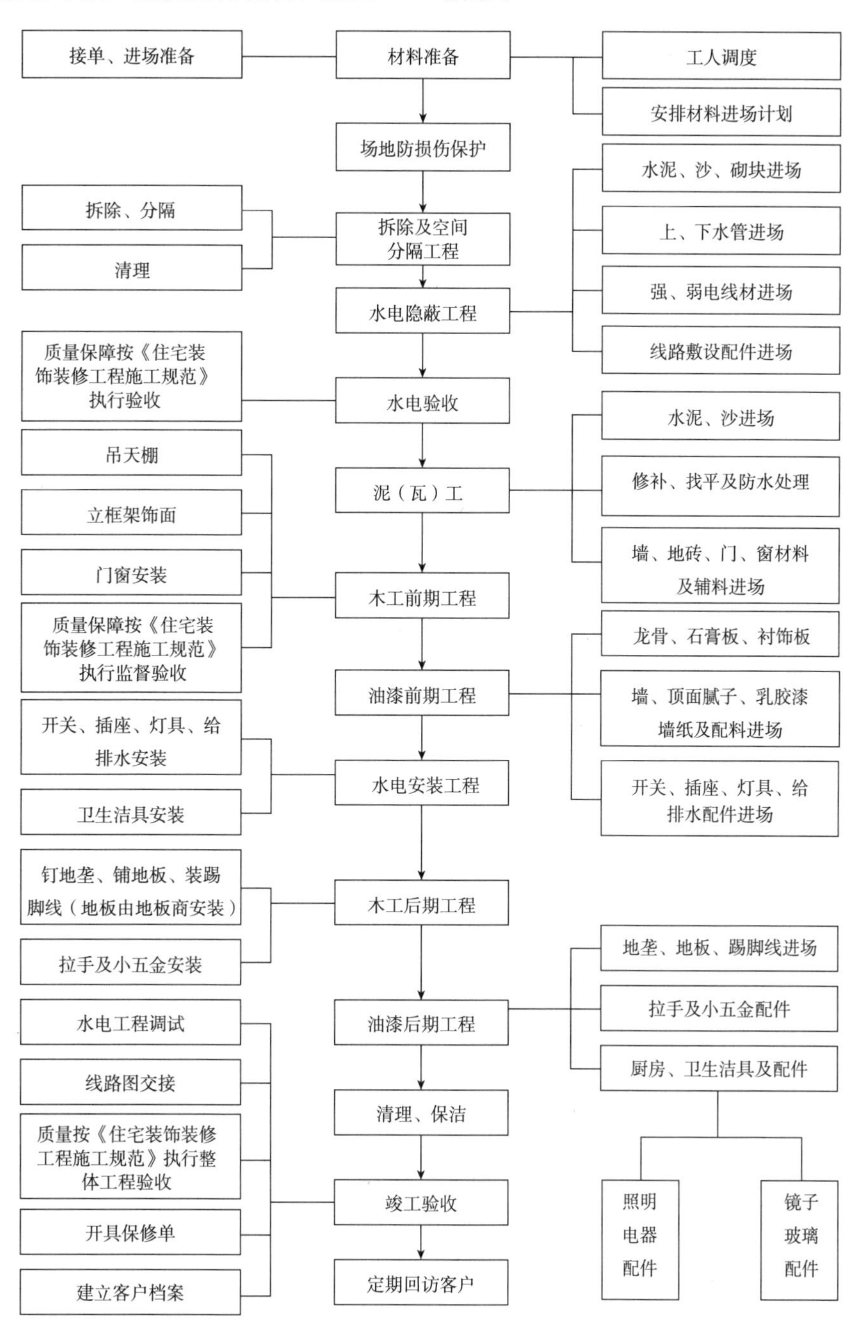

图 1－1　装饰材料进场与施工进度安排流程图

第二部分　项目实务篇

模块 2　空间结构分割材料

[项目描述] 空间结构分割。建筑装饰工程源于建筑基本主体完成以后的一系列装饰施工过程，在实际施工过程中，要经过现场测量、功能分布、合理设计。对建筑结构进行合理的功能区化并对空间做装饰结构的二次分割。装饰空间分割根据不同部位、不同功能对分割材料有不同的选择要求。最为常用的有水泥、沙、砖块、隔墙龙骨、纸面石膏板等。

1.认知建筑水泥、沙、砖块常用规范

2.了解隔墙龙骨、纸面石膏板使用的部位

课题 2.1　水泥、沙和砖块

2.1.1　课题任务

1. 任务目标

认知建筑水泥、沙、砖块常用种类。

（1）水泥：粉状水硬性无机胶凝材料，加水搅拌成浆体后能在空气或水中硬化，用以将沙、石等散粒材料胶结成沙浆或混凝土，如图 2-1 所示。

图 2-1　水泥

沙：沙由矿物和微小的岩石碎片组成。岩石碎片是岩石经侵蚀和风化而成。沙的成分因地方而异，具体情况视当地岩石的来源和条件而定。细沙颗粒 1.6～2.2mm，中沙颗粒 2.3～3.0mm，粗沙颗粒 3.1～3.7mm，如图 2-2 所示。

图 2-2　沙

（2）砖块：以黏土、页岩以及工业废渣为主要原料制成的小型建筑砌块，如图 2－3所示。

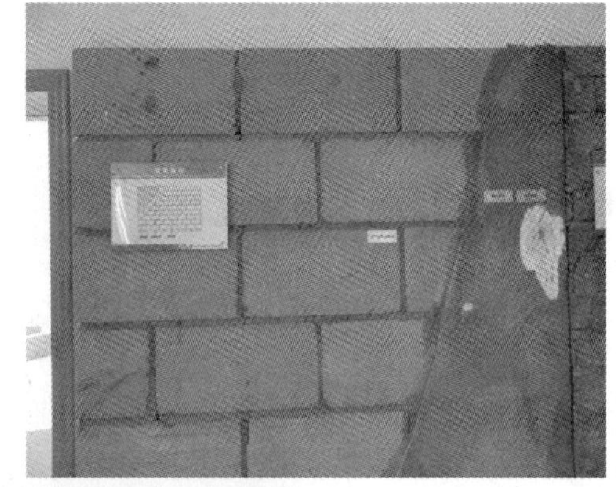

图 2－3　砖块

2. 任务要求

通过对建筑装饰材料实训室、建筑装饰构造实训室的相关材料的认知能准确认识水泥、沙、砖块等在装饰施工过程中的应用及使用要求。

2.1.2　知识链接

不同的沙浆混合比、砖块种类的应用，如图 2－4～图 2－6 所示。

图 2－4　砌墙水泥沙浆

（使用 32.5 号水泥，沙用中沙混合比为 1∶3）

图 2-5　墙面抹底灰水泥沙浆

（使用 32.5 号水泥，沙用中沙混合比为 1∶3）

图 2-6　罩面灰水泥沙浆

（使用 32.5 号水泥，沙用细沙混合比为 1∶1）

2.1.3　任务实施

通过对实训室、现场施工观摩、网络查找等认知形式分小组（5 人一小组）完成对水泥、沙、砖块等材料的认识，并做出该模块 PPT 作业。

2.1.4　评价标准

（1）评价内容：基本知识掌握评价、完成任务情况评价、学习态度评价。

（2）评价方式：小组成员互评、教师评价。

2.1.5　课外拓展性任务与训练

（1）对周边装饰材料市场中的相关材料进行了解：包括材料型号、材料价格、材料使用的单位量等相关内容。

（2）通过网络查找相关材料进行了解：包括材料型号、材料价格、材料使用的单位量等相关内容。

课题 2.2　隔墙龙骨和纸面石膏板

2.2.1　课题任务

1. 任务目标

认识了解隔墙龙骨、纸面石膏板。

（1）隔墙龙骨一般分为木龙骨和轻钢龙骨两类。

1）木龙骨俗称为木方，主要由松木、椴木、杉木等树木加工成截面为长方形或正方形的木条。木龙骨是装修中常用的一种材料，有多种型号，用于撑起外部立面，起支架作用，如图 2-7 所示。

图 2-7　木龙骨

2）轻钢龙骨是以优质的连续热镀锌板带为原材料，经冷弯工艺轧制而成的建筑用金属骨架。用于以纸面石膏板、装饰石膏板等轻质板材做饰面的非承重墙体和建筑物屋顶的造型装饰，如图 2-8 所示。

（2）纸面石膏板。

纸面石膏板是以建筑石膏为主要原料，掺入适量添加剂与纤维做板芯，以特制的板纸为护面，经加工制成的板材。纸面石膏板具有重量轻、隔声、隔热、加工性能强、施工方法简便的特点，如图 2-9所示。

图 2-8　轻钢龙骨及应用

图 2-9　石膏板及应用

2. 任务要求

通过对建筑装饰材料实训室、建筑装饰构造实训室的相关材料的认知，做到准确认识木龙骨、轻钢龙骨、纸面石膏板等在装饰施工过程中的应用及使用要求。

2.2.2　知识链接

不同功能的空间分割可采用不同的装饰材料进行分割。

2.2.3　任务实施

通过对实训室、现场施工观摩、网络查找等认知形式分小组（5 人一小组）完成对木龙骨、轻钢龙骨、纸面石膏板等装饰材料的认识，并做出该模块 PPT 作业。

2.2.4 评价标准

（1）评价内容：基本知识掌握评价、完成任务情况评价、学习态度评价。

（2）评价方式：小组成员互评、教师评价。

2.2.5 课外拓展性任务与训练

（1）对周边装饰材料市场中的相关材料进行了解：包括材料型号、材料价格、材料使用的单位量等相关内容。

（2）通过网络查找相关材料进行了解：包括材料型号、材料价格、材料使用的单位量等相关内容。

模块3 隐蔽工程施工材料

[项目描述] 隐蔽工程是指敷设在装饰表面内部的工程，包括电器回路、给排水、煤气管道、用于固定支撑装饰物重量的内部构造等。而水电改造是隐蔽工程中的主体，做好水电改造也就意味着做好了隐蔽工程。根据装修工序，这些“隐蔽工程”都会被后一道工序所覆盖，所以很难检查其材料是否符合规格、施工是否规范。因而，在进行家装隐蔽工程施工的时候，就要注意材料的选择。最为常用的有冷、热水管，强、弱电线等。

1. 认知了解PP-R管及配件、PVC管及配件的常用规范
2. 认知了解强弱电线的使用的部位

课题 3.1 水　管

3.1.1 课题任务

1. 任务目标

认识了解冷、热水管，排水管的常用种类。

（1）PP－R管：建筑装饰装修中用的冷热水管为PP管，PP管分为PP－B、PP－C、PP－R管，其主要原料属聚烯烃，其分子仅由碳、氢元素组成，卫生性能优良、无毒性（在生产、施工、使用过程中对环境无任何污染，且可回收利用属绿色环保建材）。这种材料不但适合冷水管道，也适用于热水管道、甚至纯净水管道。这三种管材的物理特性基本相似，应用范围基本相同，在装饰施工中可替换使用。主要差别为：PP－C、PP－B材料耐低温脆性优于PP－R，PP－R材料耐高温性好于PP－C、PP－B。在实际应用中，当液体水介质温度不高于5℃时，优先选用PP－C、PP－B管，当液体水介质温度不低于65℃时，优先选用PP－R管，当液体水介质温度在5～65℃时，PP－C、PP－B与PP－R的使用性能基本一致，如图3－1和图3－2所示。

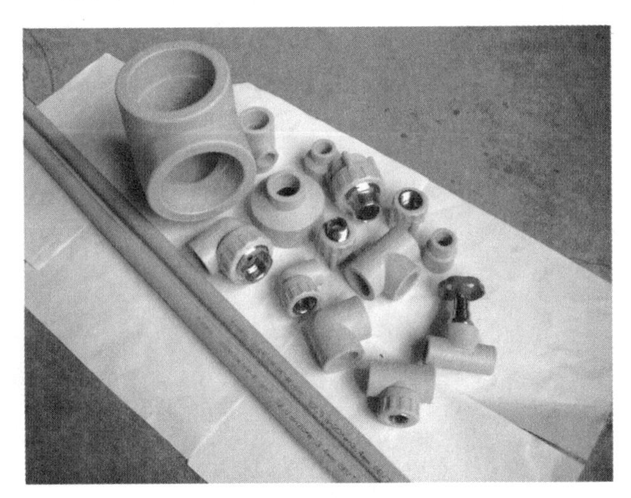

图3－1　冷热水管及配件

图3－2　冷热水管

（2）PVC管：是由聚氯乙烯树脂与稳定剂、润滑剂等配合后用热压法挤压成型，是最早得到开发应用的塑料管材。主要用于建筑物内的排水系统，电工走线套管、通信线缆套管，建筑物内的消音排水系统等，如图3-3所示。

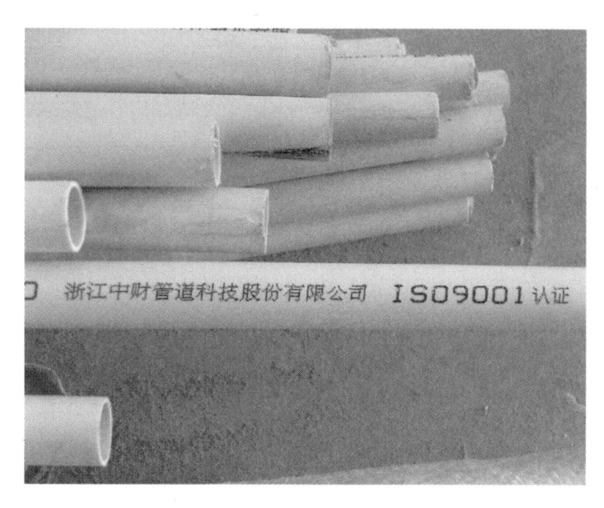

图3-3 PVC电工套管

2. 任务要求

通过对建筑装饰材料实训室、建筑装饰构造实训室的相关材料的认知能准确认识冷热水管及配件、下水管及配件等在装饰施工过程中的应用及使用要求。

3.1.2 知识链接

冷、热水管在不同场合的应用。

冷、热水管的选择。冷、热水管的管壁厚度不同，承受的压力也不同，冷水管是16kg，热水管是25kg。热水管可以通冷水，但是冷水管不可以通热水。如果经济条件允许，全部采用热水管也是可以的。

水管应嵌入墙体，地面的管道应进行防腐处理并用水泥沙浆保护，如图3-4所示，其保护厚度应符合下列要求：墙内冷水管不小于10mm、热水管不小于15mm，嵌入地面的管道不小于10mm。嵌入墙体、地面或暗敷的管道应作隐蔽工程验收。

图3-4 墙体地面管道安装

卫生间所有给水管道必须走墙体，以免破坏基层防水，所走管路必须横平竖直，如图 3－5 所示。

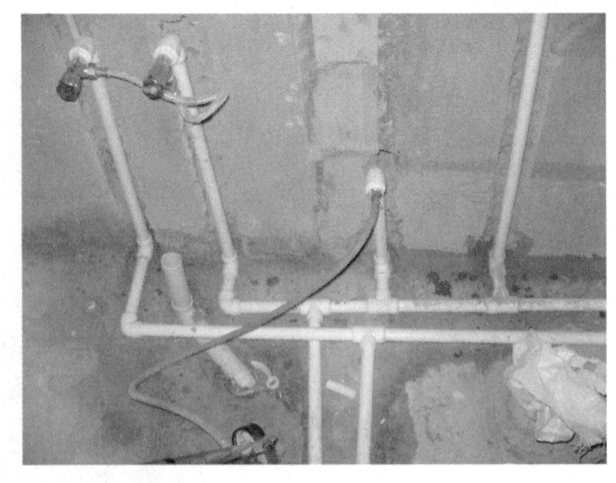

图 3－5　卫生间冷热水管安装

冷、热水管安装应左热右冷，平行间距应不小于 200mm，如图 3－6 是厨房冷、热水管道安装。

图 3－6　厨房冷、热水管道安装

3.1.3　任务实施

通过对实训室、现场施工观摩、网络查找等认知形式分小组（5 人一小组）完成对冷、热水管及下水管及其配件等材料的认识，并做出该模块 PPT 作业。

3.1.4　评价标准

（1）评价内容：基本知识掌握评价、完成任务情况评价、学习态度评价。

（2）评价方式：小组成员互评、教师评价。

3.1.5 课外拓展性任务与训练

（1）对周边装饰材料市场中的相关材料进行了解：包括材料型号、材料价格、材料使用的单位量等相关内容。

（2）通过网络查找相关材料进行了解：包括材料型号、材料价格、材料使用的单位量等相关内容。

课题 3.2 电　　线

3.2.1 课题任务

1. 任务目标

认识了解强、弱电线。

单相电源线分三种颜色：火线红色、零线蓝色、地线黄色，如图 3-7 所示。

图 3-7 电源线剖开图

（1）强电线：工作于供电所用的线（缆）。最大特征是耐压高（我国为 220/380V 以上），过电流强（与实际线的线径有关），如供电所需的线（缆）、电器所用的电源线等，如图 3-8 所示。

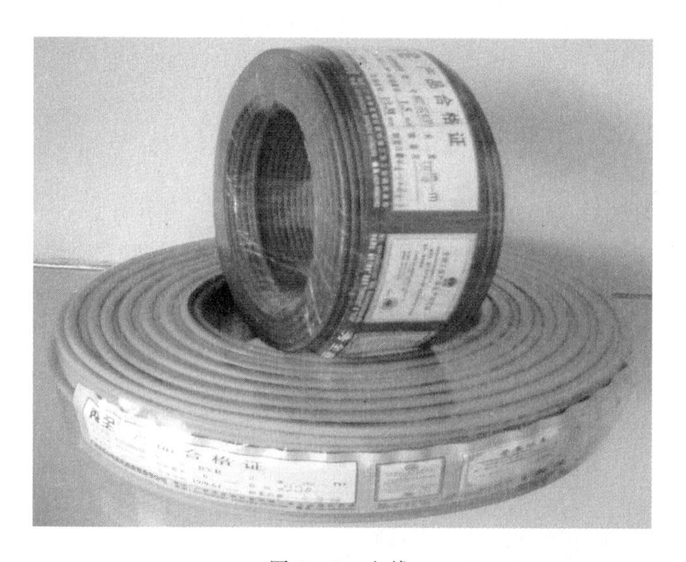

图 3-8 电线

（2）弱电线：工作电压低于 38V 以下的信号及控制用线（缆），最大特征是耐压低、过电流能力差，如通信、有线电视线等，如图 3-9～图 3-11 所示。

图 3-9　网线

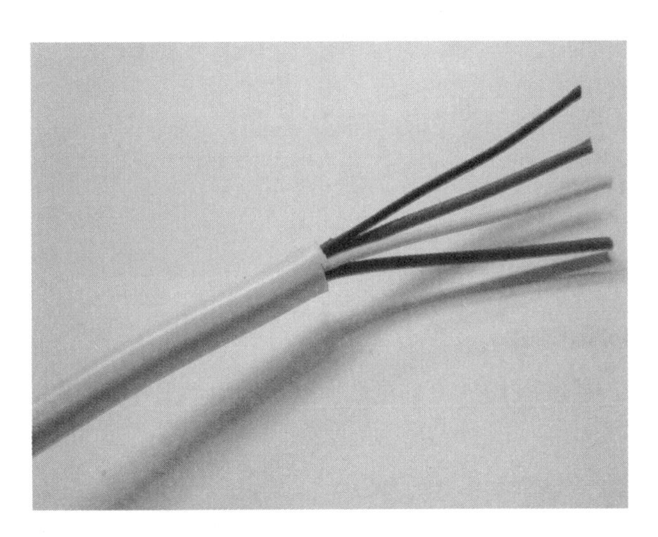

图 3-10　电话线

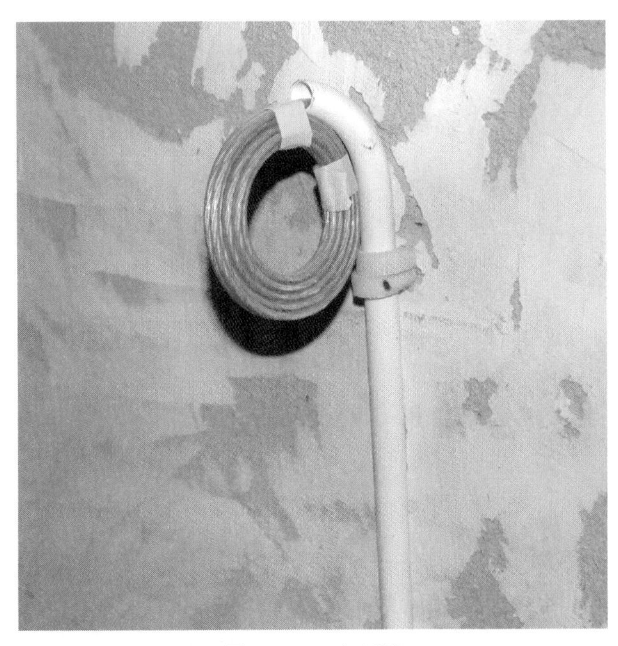

图 3-11　音频线

2. 任务要求

通过对建筑装饰材料实训室、建筑装饰构造实训室的相关材料的认知，能准确认识强、弱电线在装饰施工过程中的应用及使用要求。

3.2.2 知识链接

强、弱电线在室内装修中的应用。

线管布置要求：照明线和插座线要分开控制，如图 3-12 所示。

图 3-12 开关插座线安装

照明用 BV2.5 的电线，插座用 BV4.0 的电线。线管用阻燃 PVC 塑料管，型号为 DN16DN20 的，如图 3-13 所示。

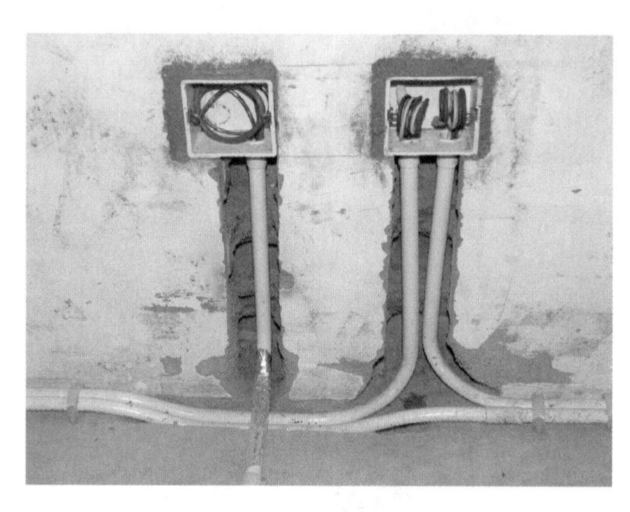

图 3-13 墙壁电线走向

电视有线、网络线、电话线必须使用专用线，所走线路应单体套管，不允许混套，所有接线头不许在线盒内，套管内不允许有任何接口，接口处必须防水，并同时使用绝缘胶布，如图 3-14所示。

在施工中布线线路一定要上下竖直，左右平直，电线一定套 PVC 线管及配件，遇到不能破坏的剪力墙或承重墙等，其线路一定要套防蜡管绝缘材料。

图 3-14　地上电线管道走向

3.2.3　任务实施

通过对实训室、现场施工观摩、网络查找等认知形式分小组（5 人一小组）完成对强、弱电线材料的认识，并做出该模块 PPT 作业。

3.2.4　评价标准

（1）评价内容：基本知识掌握评价、完成任务情况评价、学习态度评价。

（2）评价方式：小组成员互评、教师评价。

3.2.5　课外拓展性任务与训练

（1）对周边装饰材料市场中的相关材料进行了解：包括材料型号、材料价格、材料使用的单位量等相关内容。

（2）通过网络查找相关材料进行了解：包括材料型号、材料价格、材料使用的单位量等相关内容。

模块4 | 厨房和卫生间施工材料

[项目描述] 厨房是家庭设备最杂乱、生活用具最多、使用频率最高的地方。概括地说，它需满足存放与使用功能、洗刷存储功能、备料烹饪功能等。卫生间包括浴室、厕所两种功能，是家庭生活中的重要场所。由于近年来随着人们对厨房卫浴空间的重视，在进行厨房卫生间装修时就要注意材料的选择。最为常用的有墙砖、地砖、纸面石膏板、铝扣板、PVC扣板、橱柜、水槽、面盆、浴盆、淋浴房等。

1. 认知了解墙砖、地砖常用规格
2. 认知了解纸面石膏板、铝扣板、PVC扣板使用部位
3. 认知了解橱柜、水槽的种类
4. 认知了解面盆、浴盆、淋浴房种类

课题4.1　墙 砖 和 地 砖

4.1.1　课题任务

1. 任务目标

认知了解墙砖和地砖的常用规格。

（1）墙砖：用于墙面装修的装饰砖，以陶土为原料经压制成坯、干燥，表面涂有一层彩色的釉面，经加工烧制而成，色彩变化丰富，特别易于清洗保养。常用的规格有：800mm×400mm（加工砖）、600mm×300mm、300mm×450mm、250mm×330mm、200mm×200mm、150mm×150mm、100mm×100mm，如图4-1所示。

图4-1　墙砖

（2）地砖：一种地面装饰材料，也叫地板砖。用黏土烧制而成，规格多种，质坚、耐压耐磨，能防潮，有的经上釉处理，具有装饰作用。常用的规格有：300mm×300mm和330mm×330mm，如图4-2所示。

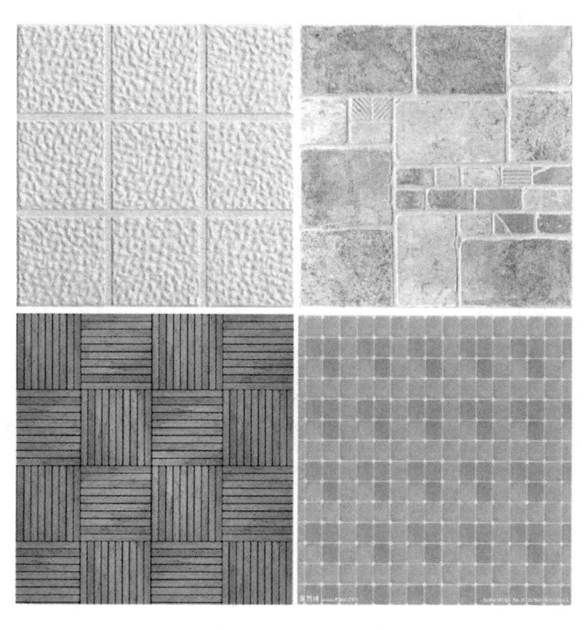

图4-2　防滑地砖

2. 任务要求

通过对建筑装饰材料实训室、建筑装饰构造实训室的相关材料的认知，能准确认识墙砖、地砖等在装饰施工过程中的应用及使用要求。

4.1.2 知识链接

卫生间、厨房中墙砖和地砖的应用欣赏。

卫生间墙面砖规格 600mm×300mm，地砖规格 300mm×300mm，如图 4－3 所示。

图 4－3 卫生间墙面砖应用

卫生间墙面砖：地中海、仿古砖、瓷砖五彩岩系列 150mm×150mm，如图 4－4 所示。

图 4－4 卫生间墙面砖应用

厨房仿古砖：墙面砖规格 100mm×100mm，防滑地砖规格 300mm×300mm，如图 4－5 所示。

图 4－5　厨房仿古砖应用

4.1.3　任务实施

通过对实训室、现场施工观摩、网络查找等认知形式分小组（5 人一小组）完成对厨房卫生间墙地砖的认识，做出该模块的 PPT 作业。

4.1.4　评价标准

（1）评价内容：基本知识掌握评价、完成任务情况评价、学习态度评价。

（2）评价方式：小组成员互评、教师评价。

4.1.5　课外拓展性任务与训练

（1）对周边装饰材料市场中的相关材料进行了解：包括墙地砖品牌、型号、价格、使用的单位量等相关内容。

（2）通过网络查找相关材料进行了解：包括墙地砖品牌、型号、价格、使用的单位量等相关内容。

课题 4.2　吊　　顶

4.2.1　课题任务

1. 任务目标

认知了解铝扣板吊顶、石膏板吊顶、PVC 吊顶。

（1）铝扣板吊顶：具有阻燃、防腐蚀、防潮等优点，而且拆装方便。如果要调换或者清洁，可用吸盘或专用拆板器将其取下来。铝扣板板面平整，棱线分明，整体效果大气高雅。现在铝扣板的花色款式很丰富，装饰效果非常好，如图 4-6 所示。

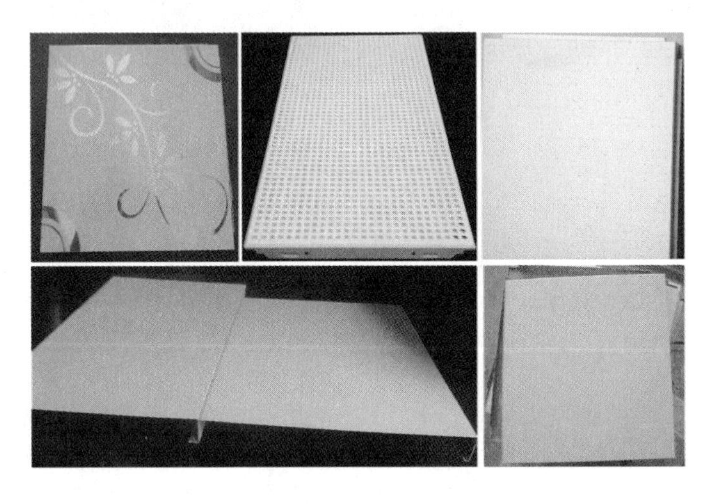

图 4-6　铝扣板

（2）石膏板吊顶：这种吊顶的外观比较美观，适合任何风格的装修，造型也很多样。但不适合直接暴露在潮湿的环境中，也不适合使用在有蒸熏功能的浴室里，如图 4-7 所示。

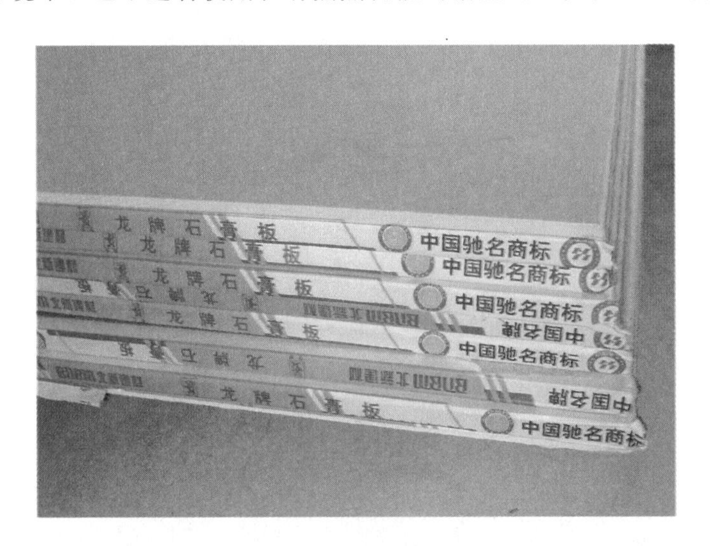

图 4-7　纸面石膏板

（3）PVC 吊顶：以 PVC 为原料，经过加工后具有重量轻、安装简便、防水防潮、防蛀虫等优点。它的表面花色图案变化多，且具有耐污染，易于清洗等优良性能。另外，这种材料的成本较低，适合作为卫浴间、厨房以及阳台等空间的吊顶材料，如图 4－8 所示。

图 4－8　PVC 吊顶

2. 任务要求

通过对建筑装饰材料实训室、建筑装饰构造实训室的相关材料的认知，能准确认识铝扣板、石膏板、PVC 扣板等材料在装饰施工过程中的应用及使用要求。

4.2.2　知识链接

厨房卫生间铝扣板的应用，如图 4－9～图 4－11 所示。

图 4－9　铝扣板吊顶

图 4－10　石膏板吊顶

图 4-11　PVC 吊顶

4.2.3　任务实施

通过对实训室、现场施工观摩、网络查找等认知形式分小组（5 人一小组）完成对铝扣板、石膏板、PVC 吊顶的认识，并做出该模块 PPT 作业。

4.2.4　评价标准

（1）评价内容：基本知识掌握评价、完成任务情况评价、学习态度评价。

（2）评价方式：小组成员互评、教师评价。

4.2.5　课外拓展性任务与训练

（1）对周边装饰材料市场相关材料进行了解：包括材料型号、材料价格、材料使用的单位量等相关内容。

（2）通过网络查找相关材料进行了解：包括材料型号、材料价格、材料使用的单位量等相关内容。

课题4.3　橱柜和水槽

4.3.1　课题任务

1. 任务目标

认知了解橱柜组成、水槽的种类。

(1) 橱柜：又称“家庭厨房家具”、“橱兵”等，是家庭厨房内集烧、洗、储物、吸油烟等综合功能于一身的家庭民用设施。它最早是由日本可丽娜橱柜株式会社——井上胜兴提出的概念：是现代整体厨房中各种厨房用具与厨房家电的物理载体和厨房设计思想的艺术载体，所以它是现代整体厨房的主体。在某种意义上甚至可以把整体厨房的设计等同于整体橱柜的设计。橱柜由吊柜、地柜、台面和各类功能五金配件组成。

橱柜按照其门板使用材料的不同，可分为烤漆门板橱柜、实木门板橱柜、吸塑门板橱柜、防火门板橱柜、UV漆门板橱柜。

1) 烤漆门板橱柜：烤漆门板的特点是色彩鲜艳，表面明亮，容易清洁，不足之处是怕碰撞和划伤，损伤后修复难度大，如图4-12所示。

图4-12　烤漆门板橱柜

2) 实木门板橱柜：用实木喷漆制作而成，特点和纯实木制家具一样，质感很好，纹理自然，时间越久越有价值，不过日常保养比较麻烦，抗污性较差，且大多用于欧式古典风格橱柜，价格也比较昂贵，如图4-13所示。

图4-13　实木门板橱柜

3）吸塑门板橱柜：也称膜压板，是 PVC 膜和中密度板经高温真空吸塑而成或采用一次无缝 PVC 膜压成型，亚光的吸塑具有强烈的木制手感，仿实木的效果非常逼真，高光吸塑仿烤漆的效果也不错。吸塑门板色彩很真，耐候性强，价格适中，是业界普遍选用的橱柜门板材料，如图 4－14 所示。

图 4－14　吸塑门板橱柜

4）防火门板橱柜：防火板是目前世界上使用最多的门板材料，具有耐磨、耐高温、耐刮、抗渗透、易清洁、防潮、不褪色和性价比高等优点，不足之处是门板平面不可以做刀型，无法满足丰富婉约的品位要求，如图 4－15 所示。

图 4－15　防火门板橱柜

5）UV 漆门板橱柜：门板的表面光滑度比较高，而且具有一定的反射能力、不褪色的优势；耐刮擦，耐高温；密度高，如图 4－16 所示。

橱柜台面材料：目前市场上主要有防火板、不锈钢、蒙特丽、杜邦可丽耐、石英石、人造石、天然石（大理石和花岗石）等类型，如图 4－17 和图 4－18 所示。

（2）水槽：厨房水槽按材料分铸铁搪瓷、陶瓷、不锈钢、人造石、钢板珐琅、亚克力、结晶石水槽等；按款式分单盆、双盆、大小双盆、异形双盆等。不锈钢水槽流行已久，就目前情况来说采用不锈钢水槽的较多，这种选择不仅仅是因为不锈钢材质表现出来的金属质感颇有些现代气息，更重要的

图 4－16　UV 漆门板橱柜

是不锈钢易于清洁，面板薄重量轻，而且还具备耐腐蚀、耐高温、耐潮湿等优点。在价格上，从几百元到几千元不等，如图 4－19～图 4－21 所示。

图 4－17　石英石

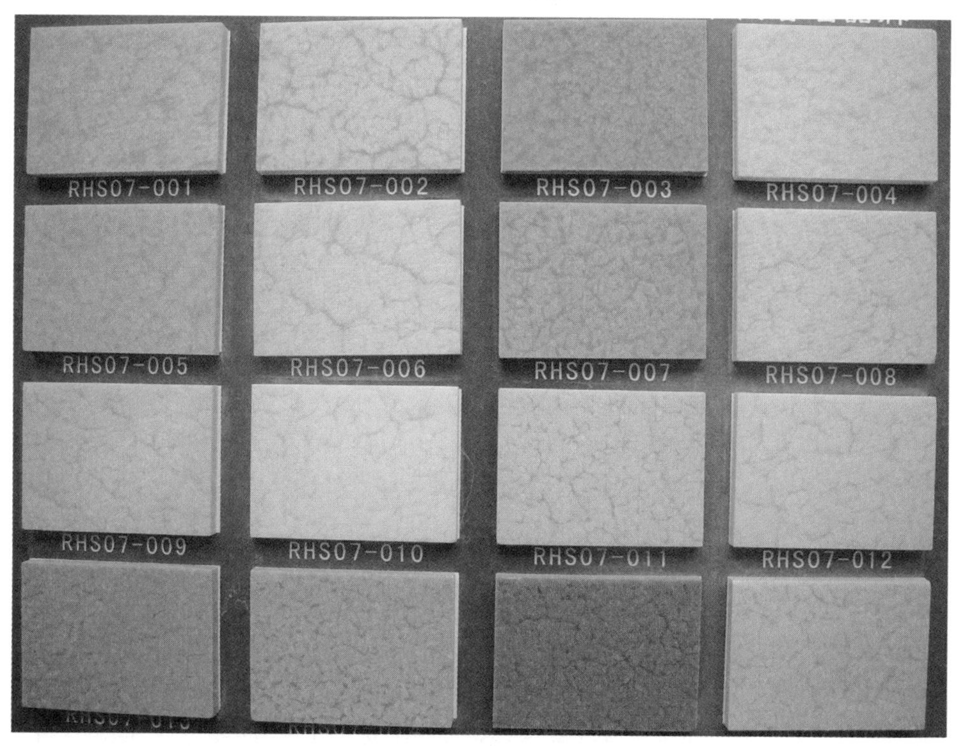

图 4－18　人造石

图 4-19　不锈钢水槽

图 4-20　陶瓷水槽

图 4-21　不锈钢单盆

2. 任务要求

通过对建筑装饰材料实训室、建筑装饰构造实训室的相关材料的认知，能根据设计要求选择橱柜，并正确选择适合橱柜的水槽。

4.3.2 知识链接

橱柜欣赏，如图 4-22～图 4-25 所示。

图 4-22　一字形橱柜

图 4-23　岛形橱柜

图 4-24　L 形橱柜

图 4-25　乡村风格橱柜

4.3.3　任务实施

通过对实训室、现场施工观摩、网络查找等认知形式分小组（5 人一小组）完成对橱柜、水槽的选择，并做出该模块 PPT 作业。

4.3.4　评价标准

（1）评价内容：基本知识掌握评价、完成任务情况评价、学习态度评价。

（2）评价方式：小组成员互评、教师评价。

4.3.5　课外拓展性任务与训练

（1）对周边装饰材料市场相关材料进行了解：包括橱柜和水槽品牌、价格等相关内容。

（2）通过网络查找相关材料进行了解：包括橱柜和水槽的品牌、价格、销量情况等相关内容。

课题 4.4　面盆、浴盆和淋浴房

4.4.1　课题任务

1. 任务目标

认知了解面盆、浴盆、淋浴房种类。

(1) 面盆：一种洁具，卫生间内用于洗脸、洗手的瓷盆。按材质可分为陶瓷面盆、玻璃面盆、人造石面盆以及塑料面盆等，如图 4－26 和图 4－27 所示。

图 4－26　陶瓷面盆

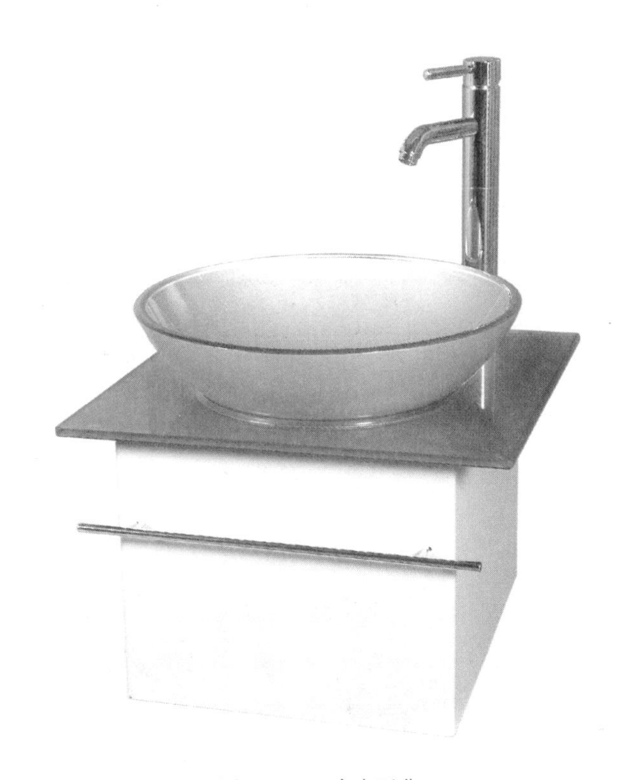

图 4－27　玻璃面盆

卫浴间使用的陶瓷洗面盆主要分为台盆和柱盆。柱盆比较适合于面积偏小或使用率不是很高的卫生间（比如客卫），台盆比较适合安装于面积比较大的卫生间，如图 4－28 和图 4－29 所示。

图 4－28 台盆

图 4－29 柱盆

（2）浴盆：即浴缸，是卫生间的主要设备，其形式、大小有很多类别，归纳起来可分为深方形、浅长形及折中形。按功能分为普通浴缸和按摩浴缸。按外形分为带裙边浴缸和不带裙边浴缸。按材质分为铸铁搪瓷浴缸、钢板搪瓷浴缸、玻璃钢浴缸、人造玛瑙以及人造大理石浴缸、水磨石浴缸、木质浴缸、陶瓷浴缸等。现常用铸铁搪瓷浴缸、钢板搪瓷浴缸和玻璃钢浴缸，如图 4－30～图 4－33所示。

图 4－30 按摩浴缸

图 4-31　带裙边浴缸

图 4-32　不带裙边浴缸

图 4-33　木质浴缸

（3）淋浴房：单独的淋浴隔间，现代家居对卫浴设施的要求越来越高，许多家庭都希望有一个独立的洗浴空间，但由于居室卫生空间有限，只能把洗浴设施与卫生洁具置于一室。淋浴房充分利用室内一角，用围栏将淋浴范围清晰地划分出来，形成相对独立的洗浴空间。

淋浴房按功能分为整体淋浴房和简易淋浴房；按款式分为转角形淋浴房、一字形浴屏、圆弧形淋浴房、浴缸上浴屏等；按底盘的形状分为方形、全圆形、扇形、钻石形淋浴房等；按门结构分为移门、折叠门、平开门淋浴房等，如图 4-34 所示。

图 4-34　淋浴房

2. 任务要求

通过对陶瓷品材料市场的考察学习，能准确认识面盆、浴盆、淋浴房的种类，并能合理根据实际条件进行选择。

4.4.2　知识链接

淋浴房、台上盆搭配的卫浴空间。

卫生间小空间转角形浴屏的设计，如图 4-35～图 4-38 所示。

图 4-35　转角浴屏与台上盆案例

图 4 - 36　转角浴屏与台上盆应用

图 4 - 37　卫生间淋浴屏、浴缸设计

图 4 - 38　别墅卫生间设计

4.4.3 任务实施

分小组（5人一小组）通过对陶瓷品材料市场观看学习、网络查找资料，了解认知卫生间台盆、浴盆、淋浴房的种类并能根据设计要求进行具体选择与搭配，并做出该模块PPT作业。

4.4.4 评价标准

（1）评价内容：基本知识掌握评价、完成任务情况评价、学习态度评价。

（2）评价方式：小组成员互评、教师评价。

4.4.5 课外拓展性任务与训练

（1）对周边陶瓷品装饰材料市场相关材料进行了解：包括种类、品牌、价格等相关内容。

（2）通过网络查找相关材料进行了解：包括种类、品牌、价格等相关内容。

模块5 | 顶部造型材料

[**项目描述**] 室内空间上部的结构层或装修层，为室内美观、保温隔热的需要，多数设顶棚（吊顶），把屋面的结构层隐蔽起来，以满足室内使用要求。吊顶棚通常由面层、基层和吊杆三部分组成。最为常用的有吊顶龙骨、吊顶基材、吊顶饰面等。

1. 了解认知吊顶龙骨的种类
2. 了解认知吊顶基材的种类
3. 了解认知吊顶饰面材料的种类

课题5.1 吊 顶 龙 骨

5.1.1 课题任务

1. 任务目标

认知吊顶龙骨的种类。

（1）轻钢龙骨：采用镀锌板或薄钢板剪裁、冷弯、滚轧、冲压而成的装饰材料，具有重量轻、强度高、抗震性能好、防水、防震等特点，如图5-1所示。

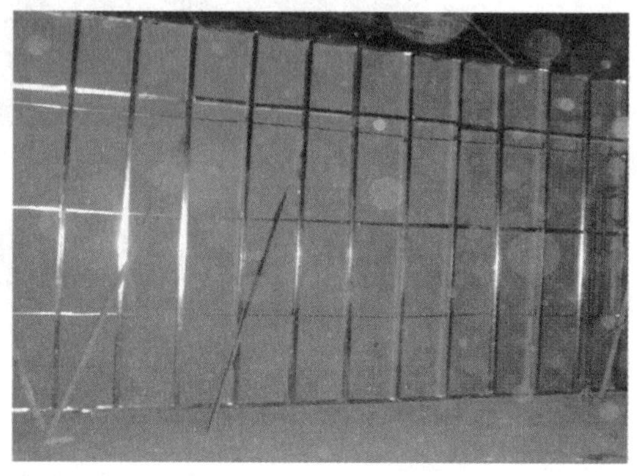

图5-1 轻钢龙骨

（2）铝合金吊顶龙骨：由铝带、铝合金材料经冷弯或冲压而成的装饰骨架材料，具有质量轻、刚度大、防火性能好、耐腐蚀、不生锈、抗震性好、安装方便等特点。广泛用于对装饰效果要求高的走廊、厅堂、卫生间、厨房的顶棚装饰。

（3）吊顶木龙骨：主要由松木、椴木、杉木等树木加工成截面为长方形或正方形的木条。木龙骨是装修中常用的一种材料，有多种型号，用于撑起外面的装饰板，起支架作用。如图5-2所示。

图5-2 木龙骨

2. 任务要求

通过对建筑装饰材料实训室、建筑装饰构造实训室的相关材料的认知，能准确认识龙骨的种类、使用部位以及在装饰施工过程中的具体应用和使用要求。

5.1.2 知识链接

各类龙骨吊顶制作。

轻钢吊顶龙骨（代号 D）有 38、50、60 三个不同的系列，可分为主龙骨和次龙骨，如图 5－3 所示。

图 5－3 轻钢龙骨吊顶案例

铝合金吊顶龙骨的断面形状有 T 型、U 型和 LT 型，常用的多为 T 型铝合金吊顶龙骨。

木龙骨可分为主龙骨和副（次）龙骨，主龙骨常用的规格有 30mm×40mm、40mm×60mm；副（次）龙骨常用规格有：20mm×30mm、25mm×35mm、30mm×40mm。木龙骨一般长 4m，如图 5－4所示。

图 5－4 木龙骨吊顶案例

5.1.3 任务实施

通过对实训室、现场施工观摩、网络查找等认知形式分小组（5 人一小组）完成龙骨种类的认识，并做出该模块 PPT 作业。

5.1.4 评价标准

（1）评价内容：基本知识掌握评价、完成任务情况评价、学习态度评价。

（2）评价方式：小组成员互评、教师评价。

5.1.5 课外拓展性任务与训练

（1）对周边装饰材料市场中的相关材料进行了解：包括材料型号、材料价格、材料使用的单位量等相关内容。

（2）通过网络查找相关材料进行了解：包括材料型号、材料价格、材料使用的单位量等相关内容。

课题5.2 吊 顶 基 材

5.2.1 课题任务

1. 任务目标

了解认知吊顶基材的种类。

（1）纸面石膏板：以建筑石膏为主要原料，掺入适量添加剂与纤维做板芯，以特制的板纸为护面，经加工制成的板材。纸面石膏板具有重量轻、隔声、隔热、加工性能强、施工方法简便的特点，如图5-5所示。

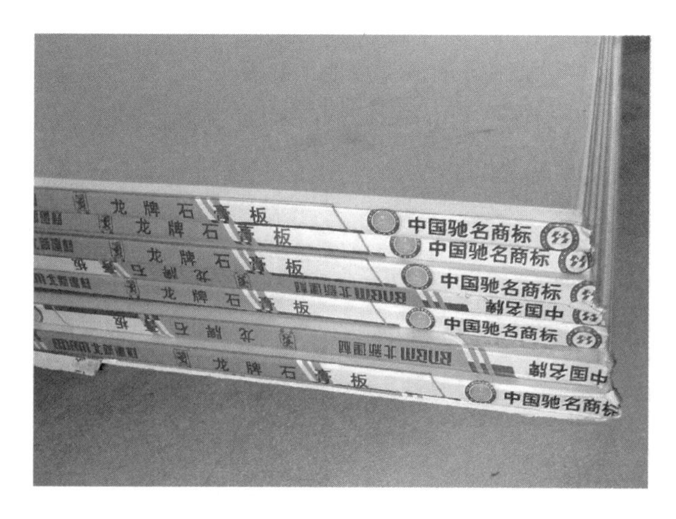

图5-5　纸面石膏板

（2）胶合板：由木段旋切成单板或由木方刨切成薄木（1mm厚），再用胶黏剂胶合而成的三层或多层的板状材料，通常用奇数层单板，并使相邻层单板的纤维方向互相垂直胶合而成。常见的有三夹板、五夹板、九夹板和十二夹板（市场上俗称为三合板、五厘板、九厘板、十二厘板），如图5-6所示。

图5-6　胶合板

（3）细木工板：俗称大芯板，由上下两层夹板、中间为小块木条压挤连接的芯材。其特点是具有较大的硬度和强度、轻质、耐久易加工。根据木芯材质区别，可分为松木、桐木、杉木、杨木、杂木等类别木工板，如图 5－7 所示。

图 5－7　细木工板

（4）指接板：由多块木板拼接而成，上下不再粘压夹板，由于竖向木板间采用锯齿状接口，类似两手手指交叉对接，故称指接板，如图 5－8 所示。

图 5－8　指接板

2. 任务要求

通过对建筑装饰材料实训室、建筑装饰构造实训室的相关材料的认知，能准确认识纸面石膏板、胶合板、细木工板、指接板等在吊顶造型结构施工过程中的应用及使用要求。

5.2.2　知识链接

纸面石膏板、胶合板、细木工板、指接板制作造型吊顶的应用。

木龙骨石膏吊顶，采用 9.5mm、12mm、15mm 厚的纸面石膏板，如图 5－9 所示。

细木工板制作造型吊顶常用的规格为 2440mm×1220mm；厚为 15mm、18mm。胶合板的尺寸规格为 2440mm×1220mm；常用厚度为 3mm、5mm、9mm，如图 5－10 所示。

5.2.3　任务实施

通过对实训室、现场施工观摩、网络查找等认知形式分小组（5 人一小组）完成对石膏板、吊顶龙骨、胶合板、细木工板、指接板等材料的认识，并做出该模块 PPT 作业。

图 5－9　石膏板造型吊顶

图 5－10　胶合板、细木工板造型吊顶制作案例

5.2.4　评价标准

（1）评价内容：基本知识掌握评价、完成任务情况评价、学习态度评价。

（2）评价方式：小组成员互评、教师评价。

5.2.5　课外拓展性任务与训练

（1）对周边装饰材料市场中的相关材料进行了解：包括材料型号、材料价格、材料使用的单位量等相关内容。

（2）通过网络查找相关材料进行了解：包括材料型号、材料价格、材料使用的单位量等相关内容。

课题5.3 吊 顶 饰 面

5.3.1 课题任务

1. 任务目标

了解认知吊顶饰面材料种类。

(1) 装饰石膏板：以建筑石膏为主要原料，掺加少量纤维材料等制成的有多种图案、花饰的板材，如石膏印花板、穿孔吊顶板、石膏浮雕吊顶板、纸面石膏饰面装饰板等。

(2) 墙纸：以纸为基材，经特殊加工处理，用于墙面或天花板的装饰材料，如图5-11所示。

图5-11 墙纸

(3) 乳胶漆：又称为合成树脂乳液涂料，是有机涂料的一种，是以合成树脂乳液为基料加入颜料、填料及各种助剂配制而成的一类水性涂料，如图5-12所示。

图5-12 乳胶漆

(4) 茶镜：茶色的烤漆玻璃，其材质非常具现代感，广泛应用于室内外装修，如图 5-13 所示。

图 5-13　茶镜

2. 任务要求

通过对建筑装饰材料实训室、建筑装饰构造实训室的相关材料的认知，能准确认识装饰石膏板、墙纸、乳胶漆、茶镜等在吊顶装饰施工过程中的应用及使用要求。

5.3.2　知识链接

各类吊顶饰面应用案例欣赏。

装饰石膏板吊顶：具有良好的装饰效果和较好的吸音性能，价格较其他屋顶装饰材料低廉，如图 5-14～图 5-16 所示。

图 5-14　实木线条装饰吊顶

图 5-15　石膏板吊顶

图 5-16　茶镜造型吊顶

5.3.3　任务实施

通过对实训室、现场施工观摩、网络查找等认知形式分小组（5 人一小组）完成对装饰石膏板、墙纸、乳胶漆、茶镜等材料的认识，并做出该模块 PPT 作业。

5.3.4　评价标准

（1）评价内容：基本知识掌握评价、完成任务情况评价、学习态度评价。

（2）评价方式：小组成员互评、教师评价。

5.3.5　课外拓展性任务与训练

（1）对周边装饰材料市场中的相关材料进行了解：包括材料型号、材料价格、材料使用的单位量等相关内容。

（2）通过网络查找相关材料进行了解：包括材料型号、材料价格、材料使用的单位量等相关内容。

模块6 墙面施工材料

［项目描述］ 墙面施工对建筑物有着不可或缺的隔离和支撑作用，其装饰装修是室内装饰中非常重要的部分，墙面施工主要包括墙、柱、门、窗等固定设施的施工，墙柱面施工用材最为常用的有建筑胶、腻子、墙体饰面材料等。门窗装饰主要用材有门套、门及窗套等。

1.认知建筑胶、腻子的用途

2.了解认知墙体饰面材料的种类

3.了解认知门套、门及窗的种类

课题6.1　建 筑 胶 和 腻 子

6.1.1　课题任务

1. 任务目标

认知室内装修建筑胶粘剂、腻子常用的种类。

（1）建筑胶：能将同种、两种或两种以上同质或异质的制件（或材料）连接在一起，固化后具有足够强度的有机或无机的、天然或合成的一类物质，统称为胶粘剂、黏结剂或黏合剂，习惯上简称为胶，如图6-1所示。

图6-1　建筑胶

（2）腻子：平整墙体表面的一种装饰凝材料，是一种厚浆状涂料，是涂料粉刷前必不可少的一种产品。涂施于底漆上或直接涂施于物体上，用以清除被涂物表面上高低不平的缺陷。采用少量漆基、大量填料及适量的着色颜料配制而成，所用颜料主要是铁红、炭黑、铬黄等。填料主要是重碳酸钙、滑石粉等。常用腻子根据不同工程项目、不同用途可分为三类：

1）胶老粉腻子：由老粉、化学胶、石膏粉、骨胶配制而成，用于做水性涂料平顶内墙。

2）润油面腻子：由油基清漆、石膏粉配制而成，用于钢木门窗等项目油性涂料。

3）胶油面腻子：由油基清漆、干老粉、化学胶、石膏粉配制而成，用于原油漆的平顶墙面，如图6-2所示。

图6-2　腻子粉

2. 任务要求

通过对建筑装饰材料实训室、建筑装饰构造实训室的相关材料的认知，能准确认识水泥、沙、砖块等在装饰施工过程中的应用及使用要求。

6.1.2 知识链接

不同胶黏剂在各种材料上的应用，如图 6－3 和图 6－4 所示。

图 6－3 黏结墙地砖

图 6－4 墙顶面刮腻子

6.1.3 任务实施

通过对实训室、现场施工观摩、网络查找等认知形式，分小组（5 人一小组）完成对建筑胶、腻子等材料的认识，并做出该模块的 PPT 作业。

6.1.4 评价标准

（1）评价内容：基本知识掌握评价、完成任务情况评价、学习态度评价。

（2）评价方式：小组成员互评、教师评价。

6.1.5 课外拓展性任务与训练

（1）对周边装饰材料市场相关材料进行了解：包括材料型号、材料价格、材料使用的单位量等相关内容。

（2）通过网络查找相关材料进行了解：包括材料型号、材料价格、材料使用的单位量等相关内容。

课题6.2 墙 体 饰 面

6.2.1 课题任务

1. 任务目标

认知墙体饰面的常用种类。

(1) 内墙涂料：就是一般装修用的乳胶漆。涂在物体表面能够形成完整的漆膜，并能与物体表面牢固黏合的物质。按照基材的不同，分为聚醋酸乙烯乳液和丙烯酸乳液两大类。乳胶漆以水为稀释剂，是一种施工方便、安全、耐水洗、透气性好的涂料，它可根据不同的配色方案调配出不同的色泽，如图6-5所示。

图6-5 配色乳胶漆墙面

特点：质地轻，色彩鲜明，附着力强，施工简便，省工省料，维修方便，质感丰富，价廉质好以及耐水、耐污染、耐老化。

(2) 墙纸：又称壁纸，是一种应用相当广泛的室内装饰材料。因为墙纸具有色彩多样、图案丰富、豪华气派、安全环保、施工方便、价格适宜等多种其他室内装饰材料所无法比拟的特点，故在欧美、东南亚地区和日本等发达国家得到相当程度的普及，如图6-6所示。

图6-6 墙纸

(3) 木质饰面板：木质饰面板在装饰工程中常被用于内墙饰面、家具、门窗、楼梯及扶手等部位装饰，种类多，价格差异大，装饰效果好。

1) 实木板：采用完整的木材制成的木板材，其特点为坚固耐用，纹路自然，是装饰工程中最佳的选择，如图 6-7 所示。

图 6-7 实木板

2) 薄木贴面：由各种天然木材加工而成，具有各种珍贵木材纹理的薄片状贴面材料，常用于粘贴普通木片或人造板基材表面，可以达到高贵华丽的效果。

3) 宝丽板和富丽板：以三夹板为基材，表面贴以特种花纹纸，经压合而成的板材为宝丽板，涂敷不饱和树脂保护膜的为富丽板。这类板材表面图案美丽、色彩丰富、质量高，如图 6-8所示。

图 6-8 宝丽板和富丽板

4) 饰面防火板：面层有各种色彩、图案或纹理，里层是经处理过的难燃材料，经高温压制而成的人工合成装饰板材。具有防火、防潮、耐磨、耐酸碱、耐冲击、易保养等优点，如图 6-9 所示。

(4) 玻璃类饰面。

1) 玻璃：一种较为透明的固体物质，在熔融时形成连续网络结构，冷却过程中黏度逐渐增大并硬化成不结晶的硅酸盐类非金属材料。普通玻璃化学氧化物的主要成分是二氧化硅。

2) 夹层玻璃：两片或多片平板玻璃之间嵌夹透明塑料薄片，经加热、加压、黏合等工序形成的玻璃制品，如图 6-10 所示。

图 6－9　饰面防火板

图 6－10　夹层玻璃

3）冰花玻璃：利用平板玻璃经特殊处理形成的具有自然冰花纹理的玻璃，如图 6－11 所示。

4）玻璃马赛克：也称玻璃锦砖，由不同色彩的小块镶嵌而成的平面装饰，如图 6－12 所示。

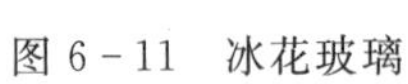

图 6－11　冰花玻璃

图 6－12　玻璃马赛克

5）烤漆玻璃：是一种极富表现力的装饰玻璃品种，可以通过喷涂、滚涂、丝网印刷或者淋涂等方式来体现。烤漆玻璃在业内也叫背漆玻璃，分平面烤漆玻璃和磨砂烤漆玻璃，是在玻璃的背面喷漆，在 30～45℃的烤箱中烤 8～12h。在很多制作烤漆玻璃的地方一般采用自然晾干，不过自然晾干的漆面附着力比较小，在潮湿的环境下容易脱落，如图 6－13 所示。

图 6-13　烤漆玻璃

(5) 石材饰面。

1) 天然大理石：地壳中原有的岩石经过地壳内高温高压作用形成的变质岩，如图 6-14 所示。

图 6-14　天然大理石

2) 天然花岗石：天然花岗石是火成岩，也叫酸性结晶深成岩，是火成岩中分布最广的一种岩石，属于硬石材，由长石、石英和云母组成，其成分以二氧化硅为主，岩质坚硬密实，如图 6-15 所示。

图 6-15　天然花岗石

2. 任务要求

通过对建筑装饰材料实训室、建筑装饰构造实训室的相关材料的认知，能准确认识乳胶漆、木质饰面、玻璃饰面、天然石材饰面等在墙面装饰中的应用及使用要求。

6.2.2 知识链接

不同墙面施工材料的应用。

无纺布墙纸在客厅沙发背景墙的运用，如图 6-16 所示。

图 6-16 无纺布墙纸

电视机背景墙黑色烤漆玻璃的运用，如图 6-17 所示。

图 6-17 烤漆玻璃

天然石材客厅背景墙装饰。如图 6-18 所示。

图 6-18 天然石材

6.2.3 任务实施

通过对实训室、现场施工观摩、网络查找等认知形式，分小组（5 人一小组）完成对墙面施工材料，即乳胶漆、墙纸、木质类饰面、玻璃类饰面、天然石材饰面等材料的认识，并做出该模块的 PPT 作业。

6.2.4 评价标准

（1）评价内容：基本知识掌握评价、完成任务情况评价、学习态度评价。

（2）评价方式：小组成员互评、教师评价。

6.2.5 课外拓展性任务与训练

（1）对周边装饰材料市场相关材料进行了解：包括材料型号、价格、材料使用的单位量等相关内容。

（2）通过网络查找相关材料进行了解：包括材料型号、价格、材料使用的单位量等相关内容。

课题 6.3 门 和 窗

6.3.1 课题任务

1. 任务目标

认知门和窗的常用种类。

门和窗是建筑物采光、通风、防潮的固定设施。门和窗的装饰是协调墙面、柱面、顶棚、地面等处的装饰效果，是有机连接室内各部分的过流装饰部分。

（1）门，一般包括原木门、贴板实木复合门、贴皮实木复合门、强化烤漆实木复合门等 4 类。

1）原木门：又名纯实木门，是指以精选的自然木材为原料加工制作的木门。它直接在原始的木材上面打磨及进行油漆处理，不必进行任何贴面饰面处理，如图 6-19 所示。

图 6-19 纯实木门

2）贴板实木复合门：一般采用实木集成材（包括湘杉、冷云杉、进口铁杉），也就是指接杉木板作为内芯，这种贴板的门芯一般为实心（间隙不大于 2cm），再贴饰面板造型即成。

门套：一般采用指接板外压饰面板压制而成，如图 6-20 所示。

图 6-20 贴板实木复合门

3）贴皮实木复合门：一般采用杉木集成材（包括湘杉、冷云杉、进口铁杉），也就是指接杉木，内芯一般分龙骨结构（非全实心）和指接枋实心两种，两面压上密度板，再贴上木皮，热压成型。

门套。一般采用杉木底材，上贴一层中密板。贴上中密板的门套不易开裂，平整度好，但防潮性能相对较差，如图6-21所示。

图6-21　贴皮实木复合门

4）强化烤漆实木复合门：所谓强化烤漆，并不是真正意义的烤漆，而是上面贴了一层带造型的高分子面板，通过模具压制而成，表面通常很暗淡，和真正意义的油漆烤漆门的光泽度相差甚远。其工艺是：最里层是木龙骨，然后在龙骨上贴胶合板，胶合板就是指密度板等材料，然后再在胶合板上用机器热压高分子面板。

门套一般厚度在2cm左右，材质有指接板和多层板两种，门脸线一般有高分子线条和指接板线条两种。

（2）窗，常用的一般包括纯木窗和铝包木窗。

1）纯木窗，如图6-22所示。

图6-22　纯木窗

2）铝包木窗，如图 6－23 所示。

图 6－23　铝包木窗

2. 任务要求

通过对建筑装饰材料实训室、建筑装饰构造实训室的相关材料的认知，能准确认识门、窗等在装饰施工过程中的应用及对整体装饰效果的影响。

6.3.2　知识链接

门窗应用欣赏，如图 6－24 和图 6－25 所示。

图 6－24

图 6-25

6.3.3 任务实施

通过对实训室、现场施工观摩、网络查找等认知形式，分小组（5 人一小组）完成对门、窗等材料优缺点和装饰功能的认识，并做出该模块的 PPT 作业。

6.3.4 评价标准

（1）评价内容：基本知识掌握评价、完成任务情况评价、学习态度评价。

（2）评价方式：小组成员互评、教师评价。

6.3.5 课外拓展性任务与训练

（1）对周边装饰材料市场门和窗种类进行了解：包括品牌、价格及装修使用搭配等相关内容。

（2）通过网络查找门、窗种类进行了解：包括品牌、价格及装修使用搭配等相关内容。

模块7 地面施工材料

[项目描述] 建筑装饰地面用材，主要覆盖于建筑物室内外地表面，起到装饰、美化与保护的作用。在选购和使用过程中，应考虑其安全性、功能性、舒适性、装饰性和经济性。按其材质的不同可分为：地砖、地板、地毯三大类，如图7-1所示。

1. 了解认知地砖的种类及应用
2. 了解认知地板的种类及应用
3. 了解认知地毯的种类及应用

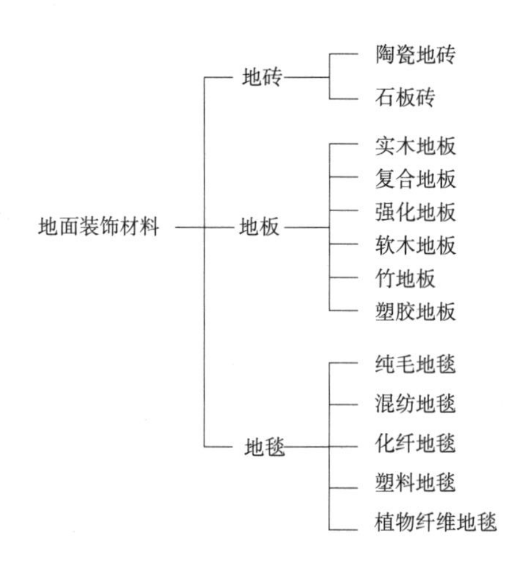

图 7-1　建筑装饰地面用材分类示意图

课题 7.1 地　　砖

7.1.1 课题任务

任务目标

认知地砖的种类。

地砖按结构性质不同一般可分为：陶瓷地砖和石板砖两大类。

一般陶瓷地砖按材质可分为釉面砖、通体砖（抛光砖）、玻化砖、陶瓷锦砖等。石板砖主要有以下几种材质：天然大理石板材、天然花岗石板材和人造板材。

（1）陶瓷地砖：主要铺地材料之一，用黏土烧制而成。具有规格多样、质地坚硬、耐压耐磨、耐酸耐碱、防潮、不渗水等特点。部分地砖经上釉处理，装饰效果更佳。在众多的地面装饰材料中，地砖已成为家庭地面装修的首选，多用于客厅、卫生间、厨房、阳台等部位。陶瓷地砖花色品种非常多，可供选择的余地很大。按材质可分为釉面砖、通体砖、玻化砖、陶瓷锦砖等。

1）釉面砖。釉面砖包括三类：①仿古砖，又叫复古砖、瓷釉砖、瓷质釉面砖，可铺墙面及地面，吸水率较低；②瓷片，又叫墙砖，内墙砖或陶质釉面砖。这类砖只适合铺墙面，且主要用于厨房和卫生间，吸水率很高；③釉面地砖，主要用于厨房和卫生间的地面，规格为 300mm×300mm 使用最多，如图 7-2 所示。

图 7-2　釉面地砖

2）通体砖。通体砖是将岩石碎屑经过高压压制后，表面经抛光成型的一种材料。表面不上釉，而且正面和反面的材质和色泽一致，是一种耐磨砖。一般分为防滑砖、抛光砖、渗花通体砖等，可用于阳台、客厅、走道等部位。抛光砖是通体砖坯体的表面经过打磨而成的一种光亮砖，表面光洁明亮、坚硬耐磨，通常规格为 600mm×600mm、800mm×800mm、100mm×100mm 的砖使用较多，如图 7-3 所示。

3）玻化砖。玻化砖由石英砂、泥按照一定比例烧制打磨而成，表面光亮如镜，质地坚硬且耐磨，具有一定的耐酸碱性能，但易受油污、灰尘等侵蚀，且价格一般都较高。经沾水防滑处理后，可使用于客厅、卫生间、厨房和卧室地面。常见规格有 400mm×400mm、500mm×500mm、600mm×600mm、800mm×800mm、900mm×900mm 等，如图 7-4 所示。

图 7-3　抛光砖

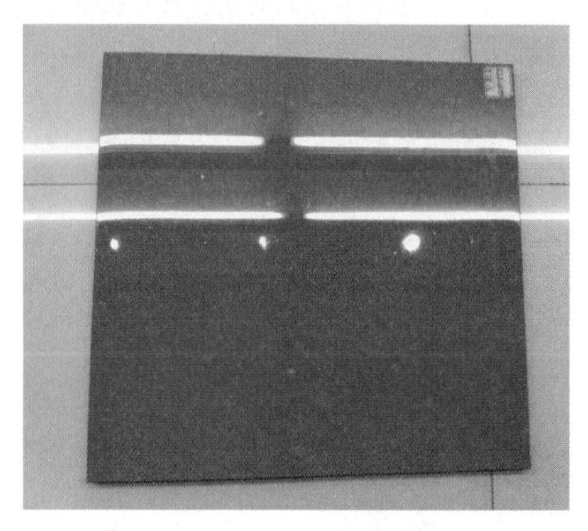

图 7-4　玻化砖

4）陶瓷锦砖。陶瓷锦砖又称陶瓷马赛克，其体积是各种瓷砖中最小的，马赛克给人一种怀旧的感觉，是 20 世纪 90 年代装饰墙地面的主要材料。马赛克组合变化的可能非常多，可自成图案或为其他装饰材料做纹样点缀，可用于家庭装饰装修的客厅、走廊、餐厅、厕所、浴室、工作间等处的地面和内墙面。通常以 300mm×300mm 为一联，如图 7-5 所示。

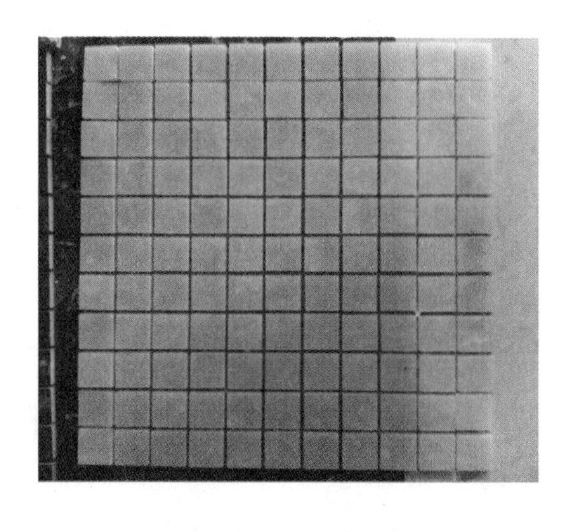

图 7-5　陶瓷锦砖

现在装饰装修中除了陶瓷马赛克外，还有玻璃、石材、玉材等材料制成的马赛克，往往呈现出让人意想不到的效果。马赛克除正方形外，还有长方形和异形品种，如图 7-6 所示。

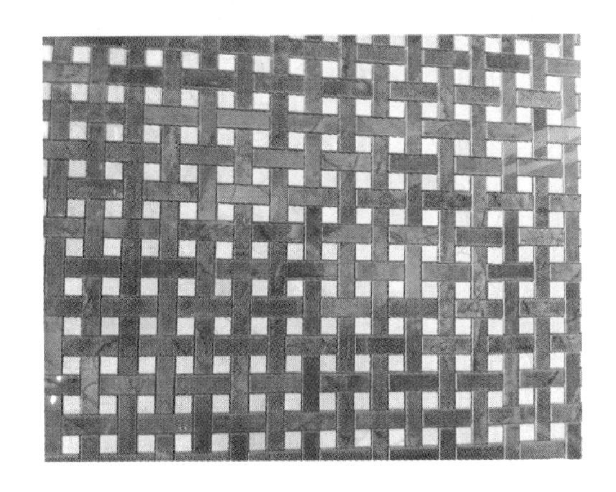

图 7-6　其他形态的锦砖

(2) 石板砖：以各类石材为原材料，经加工制成的块状、条状或板形的饰材。

1) 天然大理石板材。大理石是大理岩的俗称，是地壳中原有的岩石经过地壳内高温、高压作用重新结晶而成的变质岩，属于中硬石材。经过切割、打磨、抛光成板材，外观色纹多呈现山水、云雾等美丽、多样的纹理，如图 7-7 所示。

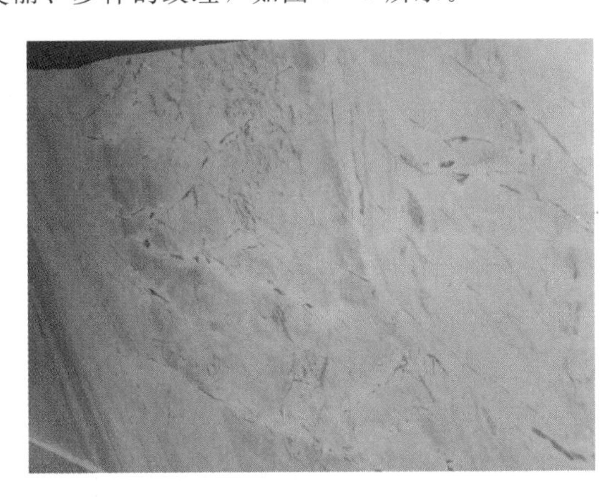

图 7-7　天然大理石板材及应用

大理石板材一般可用于宾馆、展览馆、影剧院、商场、图书馆、机场、车站等公共建筑工程内的室内地面、墙面、柱面、栏杆、窗台板、服务台、电梯间门脸等，还可以用于制作大理石壁画、工艺品、生活用品等。天然大理石的化学稳定性较差，不宜长期应用在建筑物外墙和露天的部位。

2) 天然花岗石板材。花岗石是花岗岩的俗称。花岗岩属于酸性结晶生成岩，是火成岩中分布最广的岩石，其颜色有黑白、麻黄、灰色、红黑、红色等。

一般花岗石构造致密，质地坚硬，抗压强度较高，耐磨性好；化学稳定性好，抗风化能力强，耐腐蚀性能强；装饰性好、质感强；耐热性差，使用年限长，属于硬石材，如图 7-8 所示。

地面装饰工程中花岗石板材一般使用于普通地面、楼梯踏板、踢脚线、门踏板等部位，也可用于大堂及室外阳台、庭院、客餐厅的地面及窗台。而大理石则可用于吧台、料理台、餐柜的台面。

3) 人造石板材。人造石板材作为替代天然石材的存在，越来越被人们所接受。一般多用于公共场所的地面，因其成本较低、操作方便，被大量地使用。

以人造大理石为例，它是以不饱和聚酯为黏结剂，与石英砂、大理石、方解石粉等搅拌混合，浇

(a)

(b)

图 7-8 天然花岗石板材应用

(a) 粗面花岗石板材及应用；(b) 光面花岗石板材及应用

铸成型，在固化剂作用下产生固化作用，经脱模、烘干、抛光等工序而制成，如图 7-9 所示。

图 7-9 人造石板材及应用

7.1.2 任务实施

通过对综合材料室、现场施工观摩、材料市场调查、网络查找等认知形式，分小组（6～8 人为一小组）完成对各种材质地砖优缺点和使用功能的认识，并做出该模块的 PPT 作业。

7.1.3 评价标准

（1）评价内容：基本知识掌握评价、完成任务情况评价、学习态度评价。

（2）评价方式：小组成员互评、教师评价。

7.1.4 课外拓展性任务与训练

（1）对周边装饰材料市场各类地砖进行了解：包括品牌、价格及装修使用搭配等相关内容。

（2）通过网络查找各类地砖进行了解：包括品牌、价格及装修使用搭配等相关内容。

课题 7.2 地　　板

7.2.1 课题任务

任务目标

认知地板的种类及应用。

地板按其结构和材质的不同一般可以分为实木地板、复合地板、强化地板、软木地板、竹地板、塑胶地板等六大类。

（1）实木地板：木材经烘干加工后形成的地面装饰材料。具有花纹自然、脚感好、施工简便、使用安全、装饰效果好的特点。可用于客厅、书房、卧室的地面。常用标板规格为 910mm×122mm×18mm 居多，如图 7-10 所示。

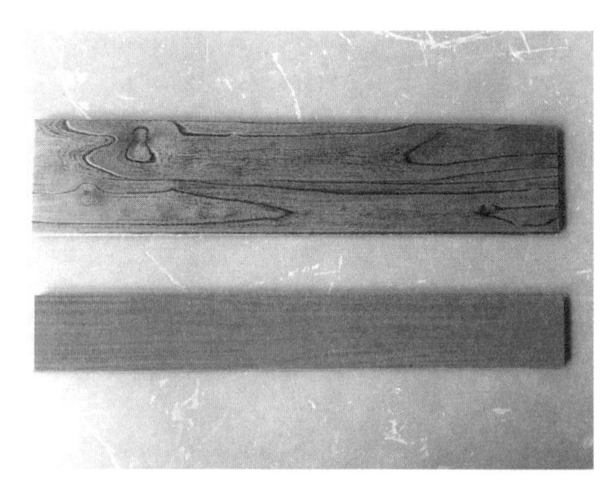

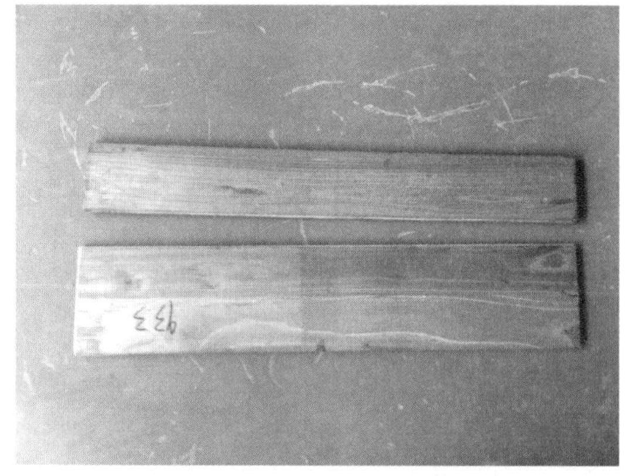

图 7-10　实木地板

实木地板的种类十分丰富，样式繁多，消费者可根据个人需求进行选择，如图 7-11 所示。

图 7-11　实木拼花地板式样图

(2) 复合地板：以原木为原料，经过粉碎、添加黏合及防腐材料后，加工制作成为地面铺装的型材。复合地板一般都是由四层材料复合组成：底层、基材层、装饰层和耐磨层组成，可用于办公室、客厅、卧室地面，如图 7－12 所示。

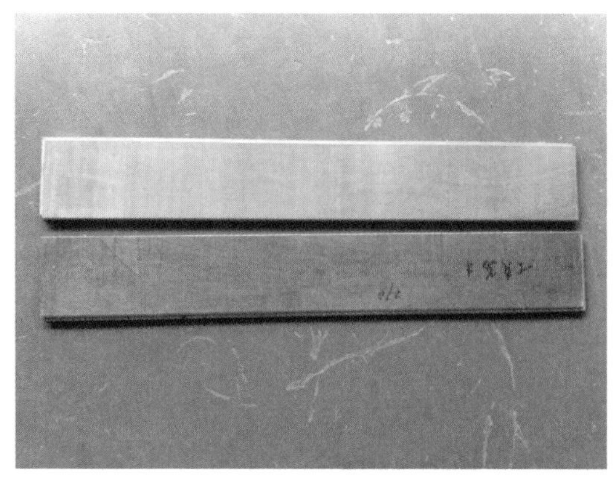

图 7－12　复合地板

复合地板水泡损坏后不可修复，且脚感较差，在选购和使用过程中要特别注意。

(3) 强化地板：也称浸渍纸层压木质地板。由耐磨层、装饰层、高密度基材层、平衡（防潮）层组成。

强化地板是以一层或多层专用纸浸渍热固性氨基树脂，铺装在刨花板、高密度纤维板等人造板基材表层，背面加平衡层，正面加耐磨层，经热压、成型的地板。强化地板具有环保、耐磨、防潮、款式丰富、安装简便、易打理等特点，适用于家庭装修房间客厅、卧室的地面装饰，如图 7－13所示。

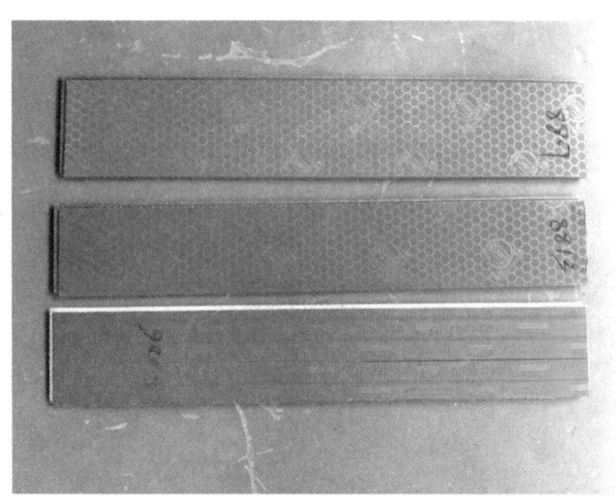

图 7－13　强化地板

(4) 软木地板：由软木颗粒和弹性胶黏剂复合而成，可根据木地板的规格加工成块状、条状及卷材状。与普通实木地板相比，软木地板更具环保性、隔音性，防潮效果也更好，能带给人极佳的脚感，如图 7－14 所示。

软木表面有特殊质感、纹理天然、图案柔和、富有弹性，具有其他材料所没有的特殊美感。

软木地板柔软、安静、舒适、耐磨，其独有的隔音效果和保温性能非常适合应用于卧室、会议室、图书馆、录音棚等场所。

(5) 竹地板：以天然竹子为原料，经过多道工序高温高压拼压成型，再经过多层油漆，最后

图 7-14　软木地板

烘干而成。竹地板表面光洁柔和，几何尺寸好，品质稳定，可用于家庭装修房间地面铺设，如图 7-15 所示。

图 7-15　竹地板

(6) 塑胶地板：一种新型轻体地面装饰材料。现多采用聚氯乙烯材料制成，多用于室内外运动场地的铺设使用。家庭装饰使用一般分块状塑胶地板和塑胶卷材两类，如图 7-16 所示。通常用于儿童、老人房和简易房的地面。

(a)

(b)

图 7-16　塑胶地板

(a) 块状塑胶地板；(b) 塑胶地板革

7.2.2 任务实施

通过对综合材料室、现场施工观摩、材料市场调查、网络查找等认知形式，分小组（6～8人为一小组）完成对各种材质地板优缺点和使用功能的认识，并做出该模块的PPT作业。

7.2.3 评价标准

（1）评价内容：基本知识掌握评价、完成任务情况评价、学习态度评价。

（2）评价方式：小组成员互评、教师评价。

7.2.4 课外拓展性任务与训练

（1）对周边装饰材料市场各类地板进行了解：包括品牌、价格及装修使用搭配等相关内容。

（2）通过网络查找各类地板进行了解：包括品牌、价格及装修使用搭配等相关内容。

课题7.3 地　　毯

7.3.1 课题任务

任务目标

认知地毯的种类及应用。

地毯是装饰材料中一种较高级的地面装饰品，也是一种世界通用的装饰材料。它具有隔热、保温、吸声、弹性好等特点，铺设后可以使室内具有高贵、华丽的氛围。所以，从古至今一直使用，并广泛应用于现在家庭装饰中。根据地毯的材质不同，可分为纯毛地毯、混纺地毯、化纤地毯、塑料地毯、植物纤维地毯等五大类。

（1）纯毛地毯：一般以绵羊毛为原料，其纤维长，拉力大，弹性好，有光泽，纤维稍粗而且有力。纯毛地毯是高级客房、大厅等地面的高级装饰材料，如图7－17所示。

（2）混纺地毯：以毛纤维与各种合成纤维混纺而成的地面装饰材料。混纺地毯中因掺有合成纤维，所以价格较低，使用性能有所提高。其装饰性能媲美纯毛地毯，并且价格略低。混纺地毯一般用于办公、宾馆、体育馆、展览厅等的地面，如图7－18所示。

图7－17　纯毛地毯

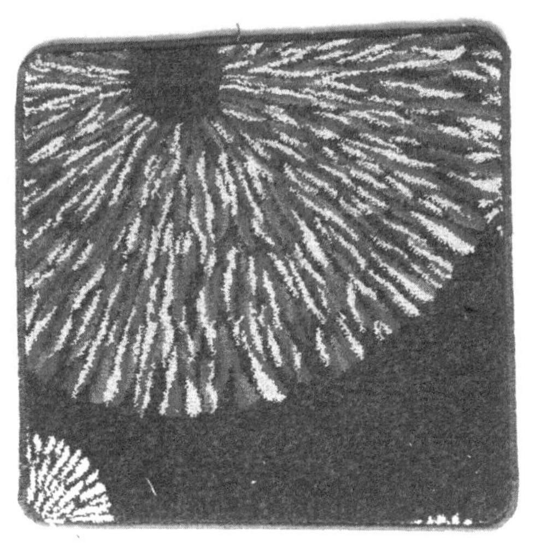

图7－18　混纺地毯

（3）化纤地毯：也称合成纤维地毯，如聚丙烯化纤地毯、丙纶化纤地毯、腈纶（聚乙烯腈）化纤地毯、尼龙地毯等。它由合成纤维面层与麻布底层缝合而成。合成纤维地毯耐磨性好并且富有弹性，价格较低，适用于客厅、卧室组合搭配的地面装饰，如图7－19所示。

图7－19　化纤地毯

（4）塑料地毯：采用聚氯乙烯树脂、增塑剂等多种辅助材料，经均匀混炼、塑制而成。质地柔软，色彩鲜艳，舒适耐用，不易燃烧且可自熄，不怕湿。一般适用于学校、酒店、商场、住宅等。因塑料地毯耐水，所以多用于浴室，如图7－20所示。

（5）植物纤维地毯：采用天然物料编织而成的新型地毯。一般包括剑麻地毯、椰棕地毯、水草地毯和纸地毯等。一般适用于楼梯、走廊、客厅等地面，如图 7-21 所示。

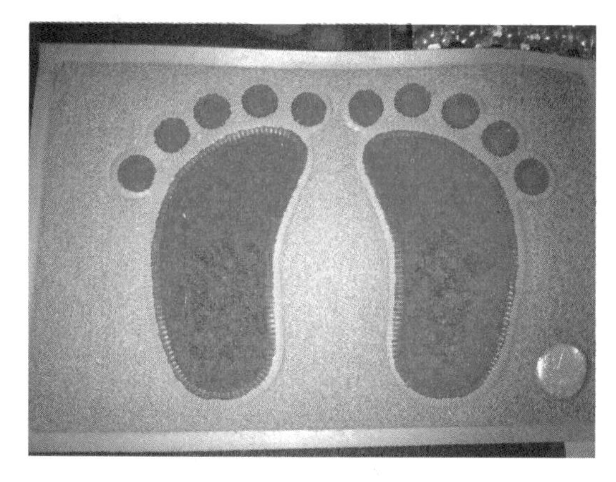

图 7-20　塑料地毯

图 7-21　植物纤维地毯

7.3.2　任务实施

通过对综合材料室、现场施工观摩、材料市场调查、网络查找等认知形式，分小组（6～8 人为一小组）完成对各种材质地毯优缺点和使用功能的认识，并做出该模块的 PPT 作业。

7.3.3　评价标准

（1）评价内容：基本知识掌握评价、完成任务情况评价、学习态度评价。

（2）评价方式：小组成员互评、教师评价。

7.3.4　课外拓展性任务与训练

（1）对周边装饰材料市场各类地毯进行了解：包括品牌、价格及装修使用搭配等相关内容。

（2）通过网络查找各类地毯进行了解：包括品牌、价格及装修使用搭配等相关内容。

模块8　不同功能房间设施材料

[项目描述] 家庭装饰装修各空间按其使用功能的不同一般可分为起居室、卧室、书房、厨房、卫生间、储藏室及阳台过道等。为满足各功能空间需求，必须选用合适的功能性设施材料。常用的功能性设施材料有照明灯具、开关饰板，厨卫用洁具、水暖五金件等。

1．了解常用功能设施材料的分类及一般应用

2．照明灯具的选择应用

课题 8.1　照明灯具、开关饰板

8.1.1　课题任务

1. 任务目标

认知照明灯具的分类。

(1) 照明灯具按照光源分类，可分为白炽灯、荧光灯、LED 灯等。

1) 白炽灯（见图 8-1)。白炽灯是将灯丝通电加热到白炽状态，利用热辐射发出可见光的电光源，按外形、接口形状、大小、功能可分为不同型号。白炽灯主要由玻璃壳、灯丝、导线、感柱、灯头等组成，是最早出现的电灯。白炽灯的缺点是发光效率低，现已逐步被淘汰。

图 8-1　白炽灯（螺口）

2) 荧光灯（见图 8-2)。荧光灯是利用低压汞蒸气放电产生的紫外线激发涂在灯管内壁的荧光粉而发光的电光源。荧光灯包括直管与环管荧光灯、紧凑型荧光灯（俗称节能灯）、2D 荧光灯、紫外线杀菌灯、无极荧光灯等。荧光灯有寿命长、光效高、显色性好等优点。

图 8-2　荧光灯（节能灯）

3) LED 灯（见图 8-3)。LED 灯也称发光二极管，是一种能够将电能转化为可见光的固态的半导体器件，它可以直接把电转化为光。按颜色、功率、使用领域及外形有多种分类，广泛应用于居室照明、商业照明。LED 灯有体积小、耗电量低、使用寿命长、环保、坚固耐用等特点，但价格比较贵。

(2) 照明灯具按照外形和功能分类，可分为吊顶、吸顶灯、射灯、筒灯、壁灯、台灯、落地灯等。

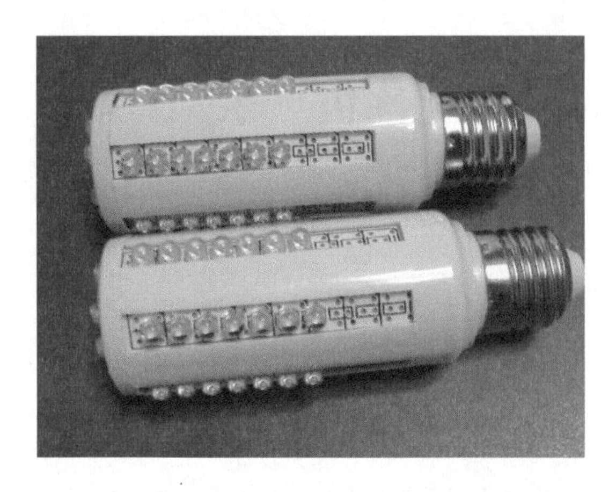

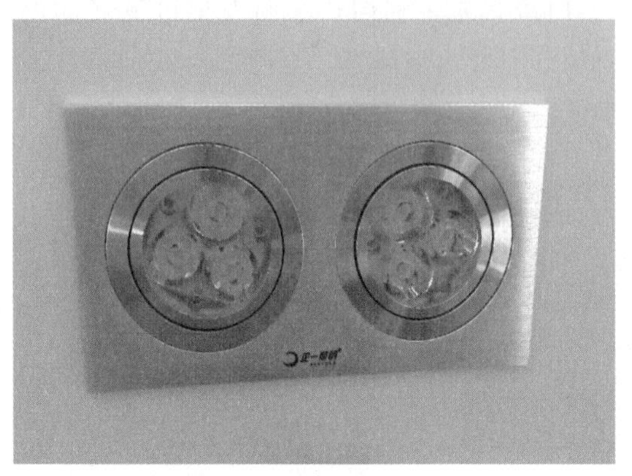

图 8-3　LED灯

1）吊灯（见图 8-4）。吊灯是吊装在室内天花板上的高级装饰用照明灯。所有垂吊下来的灯具都属吊灯。吊灯可根据外观、格调、材质、使用场所等分为多类。

图 8-4　吊灯

2）吸顶灯（见图 8-5）。吸顶灯安装在房间内部，由于灯具上部较平，紧靠屋顶安装，像是吸附在屋顶上，所以称为吸顶灯。吸顶灯可根据外观、格调、材质、使用场所等分为多类。

图 8-5 吸顶灯

3）射灯（见图 8-6）。射灯是利用聚光或点光源起到装饰、照明效果的现代流派灯饰。射灯的光线直接照射在需要强调的装饰件上，突出装饰效果。射灯的类型多样，既能作为主照明，又可作为辅助照明，局部采光，起到营造室内照明气氛的作用。将 LED 光源用于射灯，大大提高了射灯的使用寿命和节能效果。

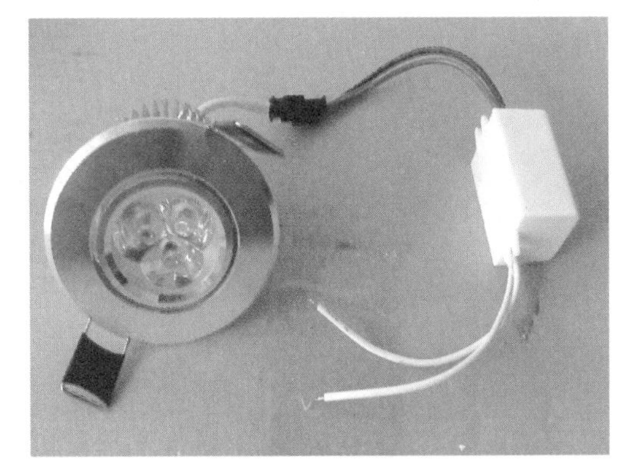

图 8-6 射灯、LED 射灯、商业照明射灯

4）筒灯（见图 8-7）。筒灯是使用单灯头安装在天花板上，光线下照式的照明灯具。筒灯可分为嵌入式筒灯和明装筒灯两种。嵌入式筒灯的使用不破坏整体吊顶艺术的完美统一，减轻空间压迫感；明装筒灯具有装饰作用。筒灯光源可采用白炽灯或节能灯，将多盏筒灯组合亦可用于大范围照明。

图 8-7　筒灯和商业照明筒灯

5）壁灯（见图 8-8）。壁灯是安装在室内外墙壁上的辅助照明装饰灯具。光线柔和，既可起到烘托气氛的装饰效果，又能起到照明作用。常见的壁灯有床头壁灯和镜前壁灯。

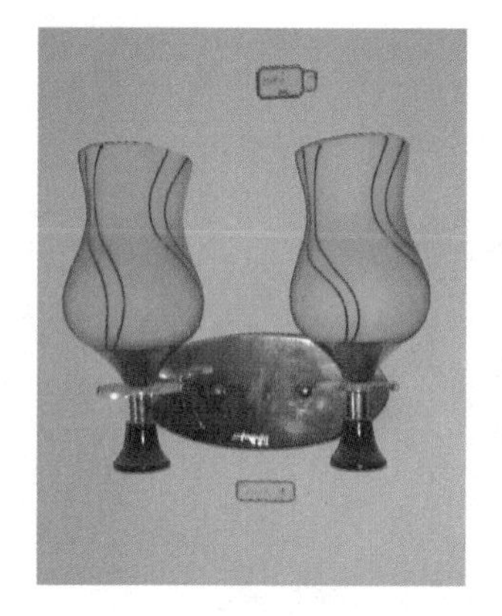
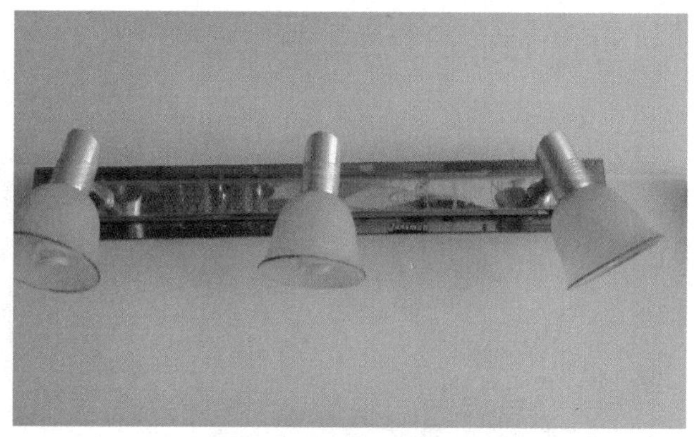

图 8-8　床头壁灯、镜前壁灯

6）台灯（见图 8-9）。台灯是人们生活中用来照明的一种灯具。常见的台灯有床头台灯、书桌台灯。

图 8-9　床头台灯、书桌护眼台灯

7）落地灯（见图 8－10）。落地灯一般布置在客厅和休息区域里，与沙发、茶几配合使用，以满足房间局部照明和点缀装饰家庭环境需求的一种灯具。

（3）认知开关饰板的分类。开关饰板的板型可分为 86 型、120 型、118 型、146 型和 75 型等，饰板需与底盒配套使用。

1）86 型开关饰板（见图 8－11）。我国及大多数国家采用该规格形式，尺寸为 86mm×86mm 或类似尺寸，安装孔中心距为 60.3mm，底盒为国家标准，螺丝口可微调。多个面板时也可组合成套安装。

图 8－10　落地灯

图 8－11　86 型开关饰板

2）120 型开关饰板（见图 8－12）。一般为竖向安装，也可横向安装，单联饰板长 70mm、宽 120mm，双联饰板长宽为 120mm 的方形，安装孔距为 83mm。根据需要可将功能模块自由组合，拆卸方便。120 型单联底盒，尺寸是 65mm×99mm，螺丝孔的距离是 84mm；120 型双联底盒，尺寸是 100mm×100mm，螺丝孔的距离是 85mm×45mm。

(a)

(b)

图 8-12　120 型开关饰板

(a) 单联底盒；(b) 双联底盒

3) 118 型开关饰板（见图 8-13）。横装型开关，面板长分为：118mm、153mm、198mm 三种，高度为 86mm，底盒分为单联、中型、长型。118 单联底盒，尺寸是 99mm×65mm，底盒螺丝孔的距离是 84mm；118 中型底盒，尺寸是 136mm×65mm，底盒螺丝孔的距离是 121mm；118 长型底盒，尺寸是 177mm×65mm，底盒螺丝孔的距离是 162mm。

(a)

(b)

图 8-13　118 型开关饰板

(a) 长型底盒；(b) 中型底盒

4) 146 型开关饰板。面板尺寸一般为 86mm×146mm 或类似尺寸，安装孔中心距为 120mm，实际为 86 型系列的延伸产品。

5) 75 型开关饰板。面板尺寸一般为 75mm×75mm 或类似尺寸，该产品在我国 20 世纪 80 年代以前采用比较广泛，现今基本已被淘汰。

2. 任务要求

通过对建筑装饰材料实训室、建筑装饰构造实训室的相关材料的认知，让学生能准确认识照明灯具、开关饰板等在装饰施工过程中的应用及使用要求。

8.1.2 知识链接

（1）吊灯的装饰效果，如图 8－14 所示。

图 8－14　吊灯装饰效果案例图

（2）LED 灯的装饰效果，如图 8－15 所示。

图 8－15　LED 灯装饰效果案例图

（3）客厅照明灯应用效果图例，如图 8－16 所示。

（4）餐厅照明灯应用效果图例，如图 8－17 所示。

（5）卧室照明灯应用效果图例，如图 8－18 所示。

图 8-16　客厅照明灯应用效果案例图

图 8-17　餐厅照明灯应用效果案例图

图 8-18　卧室照明灯应用效果案例图

8.1.3　任务实施

通过对实训室、施工现场观摩，网络查找等认知形式分小组（5 人一小组）完成对照明灯具、开关饰板等材料的认识，并做出该模块 PPT 作业。

8.1.4 评价标准

（1）评价内容：基本知识掌握评价、完成任务情况评价、学习态度评价。

（2）评价方式：小组成员互评、教师评价。

8.1.5 课外拓展性任务与训练

（1）对周边装饰材料市场相关材料进行了解：包括材料型号、材料价格、材料使用的单位量等相关内容。

（2）通过网络查找相关材料进行了解：包括材料型号、材料价格、材料使用的单位量等相关内容。

课题 8.2　厨卫洁具、水暖五金件

8.2.1　课题任务

1. 任务目标

了解厨卫洁具、水暖五金件的种类及应用特点。

厨卫洁具包括坐便器、蹲便器、小便斗、洁身盆、洗手盆、浴缸。水暖五金件包括出墙装饰水管、水嘴、喷淋、地漏等。

(1) 坐便器。坐便器是指使用时以人体取坐式为特点的便器（见图 8－19～图 8－22）。按外形结构可分为连体坐便器和分体坐便器；按冲洗方式不同可分为冲落式、虹吸式、喷射虹吸式、旋涡虹吸式、容积直排式；按安装方式来分可分为挂墙式坐便器、落地式坐便器；按排水口的不同可分为地排水、横排水，地排水按坑距的不同还分为前排水、后排水。坐便器的型号众多，特点各异，需按实际情况选用。近些年，随着行业的不断发展，还出现了智能型和多功能的坐便器。

图 8－19　连体式坐便器

图 8－20　分体式坐便器

图 8－21　挂墙式坐便器

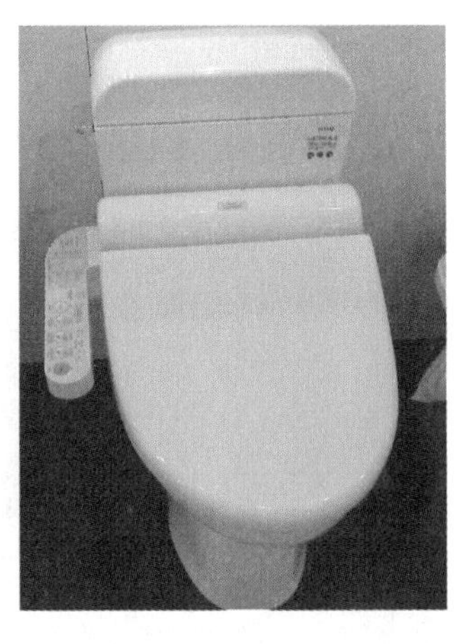

图 8－22　智能型坐便器

（2）蹲便器。蹲便器是指使用时以人体取蹲式为特点的便器（见图 8－23 和图 8－24），按排水结构不同有水封蹲便器和无水封蹲便器之分。蹲便器可配以冲洗阀使用，也可以安装水箱使用。

（a）

（b）

图 8－23　蹲便器

（a）配冲洗阀；（b）感应式冲洗阀

图 8－24　配水箱蹲便器

（3）小便斗。小便斗是男士专用的便器，按安装方式的不同可分为挂墙式和落地式两类（见图 8－25和图 8－26）。可配以电子感应式冲洗阀使用。

（a）

（b）

图 8－25　挂墙式小便斗

（a）配冲洗阀；（b）感应式冲洗阀

图 8－26　落地式小便斗

（4）洁身盆。洁身盆也称妇洗器，是专门为女性而设计的洁具产品，如图 8－27 所示。

（5）洗手盆。洗手盆也称洗脸盆、台盆，是为方便洗手、洗脸使用的容器（见图 8－28～图 8－35）。洗手盆种类繁多，形状各异，按外形可分为立式洗手盆、柜式洗手盆、挂盆。柜式洗手盆可分为碗盆、台上盆、台下盆；根据洗脸盆上进水孔的不同，可分为无孔、单孔和三孔，无孔的洗手盆可配入墙式混合龙头使用，但必须根据实际情况选用。

（6）浴缸。浴缸是供沐浴或淋浴使用的卫浴设备（见图 8－36～图 8－39）。浴缸按材质可分为铸铁搪瓷浴缸、玻璃钢浴缸、钢板搪瓷和木质浴缸；按外形可分为带裙边浴缸和无裙边浴缸；按功能可分为普通浴缸和按摩浴缸；按安装方式分为嵌入式浴缸、明装浴缸。可配套使用的水暖阀门也各有不同，有安装在地面和浴缸上的，也有入墙安装的。种类繁多，特点各异，需按实际情况选用。

图 8－27　洁身盆

图 8－28　立式洗手盆

图 8－29　挂式洗手盆

图 8－30　单孔台下洗手盆

图 8－31　三孔台下洗手盆

图 8－32　碗盆

图 8-33 单孔台上盆

图 8-34 三孔台上盆

图 8-35 台上盆配入墙式混合龙头

图 8-36 有裙边浴缸

图 8-37 无裙边浴缸嵌入式安装

图 8-38　金属明装浴缸

图 8-39　木质浴缸

（7）三角阀。三角阀是用于室内暗埋水管出墙处的阀门，起到控制水路通断的作用。三角阀顾名思义有三个口，分别是进水口、水量控制口和出水口（见图 8-40 和图 8-41）。三角阀有快开、慢开之分；按外壳材质不同可分为黄铜材质、合金材质、铁材质、塑料材质和其他材质三角阀；按阀芯材质有铜质、不锈钢、陶瓷之分。常用的有黄铜材质和陶瓷芯快开三角阀。

图 8-40　铜质铜芯三角阀

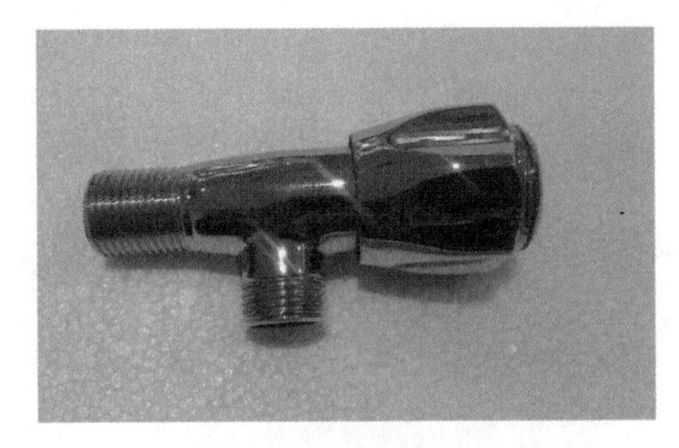

图 8-41　铜质镀铬陶瓷阀芯三角阀

（8）水嘴。水嘴又称水龙头，是一种用在水管上面对水介质实现启、闭及控制流量的阀门式装置（见图 8－42～图 8－49）。居室装饰中常用的水龙头有洗衣机龙头、拖把龙头、冲洗阀、双联混水阀等。

图 8－42　洗衣机龙头

图 8－43　单冷水龙头

图 8－44　多用途水龙头组合

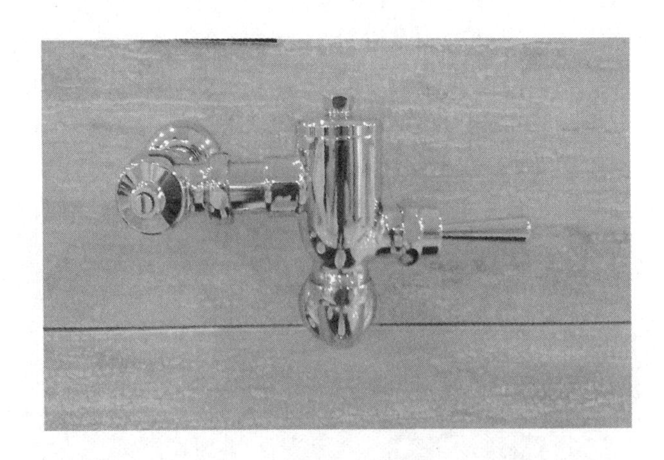

图 8-45　蹲坑冲洗阀

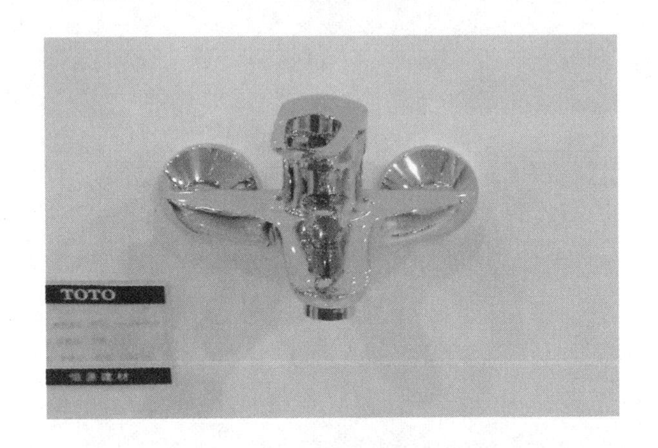

图 8-46　单把手混水阀

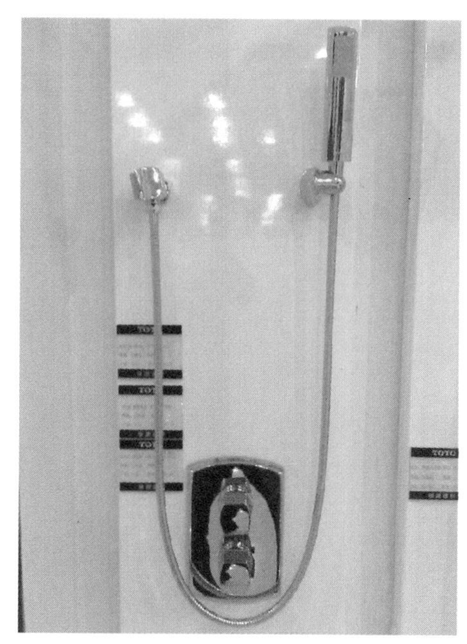

图 8-47　暗装混水阀

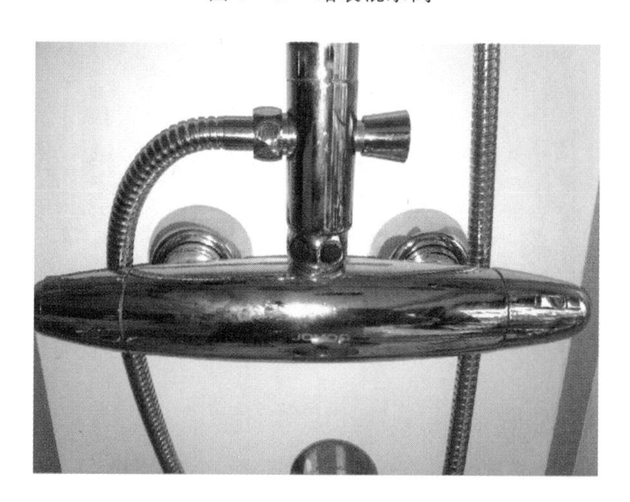

图 8-48　恒温混水阀

图 8-49　淋浴杆与莲蓬头

(9) 地漏。地漏是连接排水管道系统与室内地面的接口（见图 8-50 和图 8-51）。地漏可分为直落式和防臭式两种。作为住宅中排水系统的连接部件，它的性能好坏对卫浴间的异味控制非常重要。

图 8-50　普通地漏

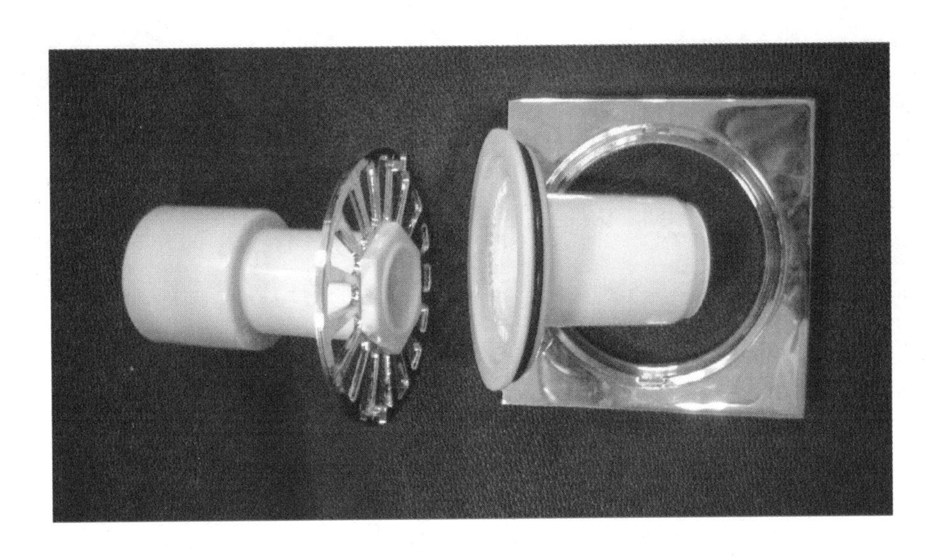

图 8-51　防臭式（加强）地漏

2. 任务要求

通过对建筑装饰材料实训室、建筑装饰构造实训室的相关材料的认知，准确认识照明灯具、开关饰板等在装饰施工过程中的应用及使用要求。

8.2.2　知识链接

洁具、水暖五金件的应用案例，如图 8-52 所示。

8.2.3　任务实施

通过对实训室、施工现场观摩，网络查找等认知形式分小组（5 人一小组）完成对厨卫洁具、水暖五金件等材料的认识，并做出该模块 PPT 作业。

8.2.4　评价标准

（1）评价内容：基本知识掌握评价、完成任务情况评价、学习态度评价。

（2）评价方式：小组成员互评、教师评价。

8.2.5　课外拓展性任务与训练

（1）对周边装饰材料市场相关材料进行了解：包括材料型号、材料价格、材料使用的单位量等相关内容。

（2）通过网络查找相关材料进行了解：包括材料型号、材料价格、材料使用的单位量等相关内容。

图 8-52　洁具、水暖五金件应用案例

模块9 装饰应用材料小结

[项目描述] 装饰材料的使用能保护建筑物，延长建筑物使用寿命，美化环境，满足或者深化建筑物的使用功能等作用。而装饰材料也由传统单一的天然材料朝着多功能、多品种、易施工、防火阻燃和环保等方面发展，面对五花八门的装饰材料，选用时需考虑以下因素。

1. 功能性：也叫实用性，就是满足功能要求，符合区域特点，这是材料选择的基本要求

2. 适用性：装饰材料形体、质感、纹理和色彩等符合设计的要求，能更好地体现功能区域的特点

3. 经济性：从长远性、经济性的角度来考虑，充分利用有限的资金取得最佳的使用和装饰效果

4. 环保性：必须节能低耗，健康环保低污染或无污染

课题　装饰材料应用图例

客厅是会客的场所，客厅装饰彰显主人的格调、品位和个性。常见户型的客厅除了会客功能之外还起到起居室的作用，所以还需具备视听、休闲等功能。所以，客厅往往是居室装饰的重点。吊灯是客厅照明不可缺少的部分，还根据不同的需要配以点光源、反射光源等增加装饰效果。墙面可采用天然石材、木饰面、壁布等装饰，色彩搭配应典雅舒适。地面材料应考虑通用性、耐用性，如天然大理石、陶瓷砖、木地板等，局部也可铺设地毯增加舒适度。因为客厅装饰材料应用比较多，更需注意其环保性，如图 9－1所示。

图 9－1

餐厅顶、墙面选用素雅、洁净的装饰材料，灯光应选暖色调且光线充足，墙面的装饰画、壁挂更能点缀出清新优雅的氛围。地面选用表面光洁、易清洁的材料，如陶瓷砖、大理石、地板，不宜选用地毯类软性材料，如图 9－2 所示。

图 9－2

卧室讲求安静、私密和舒适。顶棚无需复杂，采用点光源、漫反射光源更能营造浪漫的气息，墙面使用壁布起到了很好的装饰效果，床幔是增添情调的主要配饰。木地板的舒适脚感、自然纹理以及保温性能无疑是卧室地面材料的最佳选择，如图 9－3 所示。

现代人的书房应该集工作、读书、休闲功能于一体。场所要相对安静、光线要充足，家具的摆设要简洁明快，色彩的搭配要温暖雅致，如图 9－4 所示。

厨房宜选用表面光洁的装饰材料，不易沾染油烟还易于清理。本案选用金属集成吊顶，陶瓷砖墙地面，橱柜柜门为烤漆面板，台面为人造大理石，如图 9－5 所示。

图 9－3

图 9－4

图 9－5

卫生间装饰材料的选用应考虑其防潮、易清理的特点。陶瓷、石材、锦砖的搭配使用使原本功能单一的空间起到灵动的装饰效果。本案的顶棚采用防水石膏板吊顶，因为位于顶楼，设计师因地制宜，别出心裁地增设了一扇大天窗，夜色里把帘子拉开，还能欣赏到漫漫夜空的星星点点，如图 9－6所示。

露台是看书、休息的好地方，一副桌椅，一把遮阳伞，还有悠然自得的心情。户外地板是最佳选择，具备防腐、耐用、不易变形等优点，相比较陶瓷砖更有自然的亲和力，如图 9－7 所示。

图 9－6

图 9－7

参 考 文 献

［1］ 葛勇. 建筑装饰材料［M］. 北京：中国建材工业出版社，1998.

［2］ 付芳. 建筑装饰材料［M］. 南京：东南大学出版社，1996.

［3］ 赵斌. 建筑装饰材料［M］. 天津：天津科学技术出版社，1997.

［4］ 郝书魁. 建筑装饰材料基础［M］. 上海：同济大学出版社，1995.

［5］ 陈保胜. 建筑装饰材料［M］. 北京：中国建筑工业出版社，1995.

［6］ 蔡丽朋. 建筑装饰材料［M］. 北京：化学工业出版社，2005.

［7］ 安素琴. 建筑装饰材料［M］. 北京：中国建筑工业出版社，2000.

［8］ 何平. 装饰材料［M］. 南京：东南出版社，2002.